JN200180

昭和には戦後復旧の言葉あり、その物語

――あるダムエンジニアの回想記

福田富生

序

　ここ十数年の間に、自身にかかわるいくつかの文章を記した。それを記した順に一冊にしたのが、本著である。
　他人様にひけらかすものではないが、目を通していただければ幸甚のきわみです。

　令和６年辰年、年男の小生が顧みて、それらしく詠む。

振り返る　我れ来たり道　危なかり　思えば怖わし　よくぞ沈まず

世に偉人　認(みとむ)る偉業　凄きかな　我れの業績　劣るともがな

節目には　挫折感あり　我が人生　後におもえば　神の助か

良きにつけ　悪しきにつけ　謙虚なる　我が人生　亡き父のそれ

若気にし　悪しきこと多々　その夢に　寝苦しき夜も　しかし人生

すきな言葉：水は高きから低きに流るる

薗原ダム下流面全景

出典：建設省薗原ダム工事事務所：薗原ダム工事報告書、
利根川ダム統合管理事務所、1967 年 3 月発行より転載

下流から見る工事前ダムサイト

薗原ダム上流面全景

目次

第１部　田舎坊ちゃんのはて――その砂利道

はじめに

仕事とは、その努力によりなし得て認められた成果（価値）の見返りに代金をいただくと解すると、仕事でお金を得る体力がないといい聞かせ、無職を決め込んだ70歳過ぎから、それまでの仕事人間を止めて本を読むこととし、市の図書館から本を借り時間を過ごすことにした。読むのは、小生が過ごした現代ものは、小生の仕事人生で知り得た以上の刺激がないので、もっぱら歴史小説（『鬼平犯科帳』のような純フィクションを除く）とした。それは、歴史上の主人公を、真剣にほりさげて書く「小説家」の力に感銘するからである。

例えば、秀吉のことが書かれていても、秀吉の「本当」はわからないはずであるが、たぶんそうであったろうロマン（無限への憧れ）を与えてくれる小説。また、江戸末期から昭和の初めまでの出来事を主にあらわした司馬遼太郎の迫力のある歴史？小説は、これも有名な時代もの小説家の出久根達郎が、古書店に勤めていた折りに「時にその時代を記す古書が都内の書店から消えた」と書いたのを読んだことがある。さほどに、その出来事の背景を深く探り書き上げている凄さは爽快さえ感じさせてくれる。

それは、余生の短い者にも癒しを与えてくれてありがたい。

しかし、72歳ごろ、たまたま息抜きとして読んだ、林望『東京坊ちゃん』(著者の自分史)に触発され、小生も幼稚な文となるだろうが生きた証を、期間を定めず、思いついた時点で補足し記してみることとした。小生の生きた昭和の半世紀は、それまでの年代から一気に機械・電気、電子・化学の発明発展により社会が激変した(と、司馬遼太郎も述べている)。奇しくもその真っただ中で小生は働いていたのである。

なお、小生が生まれる以前のことの多くの記述は、司馬遼太郎[大正12(1923)年8月～平成8(1996)年2月]『この国のかたち』などによっている。何のための本書か…強いていえば、無責任な生きざまであった小生の証を明らかにしておきたい…3人の子とその孫に…などを思って。その点からも、子孫を得られたことに神に感謝する。

誕生

小生は、昭和15(1940)年9月28日、群馬県富岡町(現・安中市富岡)の警察署長の三男として、当時としては裕福な家庭に生まれた。兄から入手した父が残した資料によれば当時すでに父は退官し、群馬県庁の外郭団体に天下りしていたが、住まいは所長官舎であったのである。しかしながら物心ついたころの家庭は貧しい記憶だけである。父の境遇については後述する。

父の名「寛(かん)」、母は「いく」である。父はもちろん姓は福田(家紋・剣かたばみ)で、母の実家の姓は深井である。

小生、氏は福田、名を富生(とみお)という。富生とは富岡の地で生まれたからである。もし、地名からでないと(であっても)、あまりにも欲張りな名で、好きになれないでいる。父は警官という職業柄、転勤を繰り返したので、子供が生まれた地名にちなんだ名前を姉にもつけている。

小生が生まれた1940年は、ちょんまげ、二本差し、伝統文化華やかな江戸時代（1603～1868年）の幕末からたかだか72年後、長いようで短いとも思える期間である。その間の明治28（1895）年[※1]に父が生誕している。母は、父より９歳若く、明治37（1904）年生まれである。

ちなみに、父は昭和59年に88歳、母はその翌年82歳と比較的高齢まで生きて亡くなり、その墓は、後述の郷里に、父の生まれた家の墓（敷地）に存在しているが、残念ながら兄は千葉市近郊に墓を造ってしまい、小生も八千代市営霊園合葬式墓地の利用を申請し許可を得た。すなわち父母の墓を確実に守る者がいないことから、その処置を小生存命中に何とかしたく思案中にある。

誕生にまつわる余談

司馬（本名・福田）著『播磨灘物語』によれば「福田」の起原は

※１　調べてみると、明治28（1895）年は前年７月に始まった日清戦争（朝鮮半島をめぐる大日本帝国と大清国の戦争）の勝利の年に当たる。そして、九年後明治37年２月の日露戦争［ロシアの中国から朝鮮への軍事介入（侵略）］から、引き続き考えられる日本の危機を危惧し、中国に進入中のロシアへ日本は挑戦、神がかり的にほぼ日本の思惑どおり進み、勝利を経て明治39年11月に「満州鉄道株式会社」の設立を経て、現地関東軍の暴走から、満州を事実上の日本領土とし、さらに中国南部を侵略がらみの軍事行動が…下って昭和10年代に入り東南アジアまでに及ぶに至り、欧米の反発を招き、小生誕生の翌年、昭和16（1941）年12月の真珠湾攻撃から太平洋戦争へ突入し、総戦死者三百万人超えの悲惨な結果となった。その惨状を思うと、今の平和は奇跡的と思える。

真言宗（当家は智山派）寺院の荘園（幕府から許され所有地）を「ふくでん」といったことによると記している。兄の話から聞いたことによれば、当福田家（現藤岡市郊外・父の生家）は、祖父徳治朗は婿養子で、その先代の亀次郎という人も（夫婦）養子とのことで累代の血統はつながっていない。元々は、栃木県（下野）の「金貸し」で、時の父の生家の借金の方として転入したという。村内に福田姓が一軒しかないことから、江戸時代、農地の転売は禁じられていたようであるが、その可能性は否定できない。

一方、母方の深井家は、相応な農家で、昭和初期には珍しい梨を栽培していた。

ここで、大きく横に逸れる。

小生の心身（血）は、ほぼ母方を継いでいる。そして、どことなく顔かたちから朝鮮系ではないかと、ある時期から思うようになった。それに関し、地方史『多野藤岡地方史』を読むと、西暦711年に渡来人の集落（大宝律令による多胡郡）が建置されたと記され、その証とし福田家から10kmほどの高崎市吉井町に多古碑が実在している。また、司馬著『街道をゆく（一)』には、当時の百済（現韓国）が660年（『地方史』では663年）に唐・新羅連合軍に滅ぼされた際に、百済の要請で倭から援軍を渡航させていると記され、その二陣に上毛野君稚子の部隊を派遣し、有名な白村江の戦いで敗れ、生き残りの者が亡民数百名を保護し戻り、さらに3年後には二千余人の百済人が渡来したと記されている。派遣された部隊はこの地に居住の渡来人で間違いないと思われる。また『地方史』によれば、この渡来人には新羅人もいたようで、いずれにしても多くの渡来人がこの地に居住していた。

『街道をゆく（一)』に「当時の天智政権は国をあげてかれら亡国の士民を受け容れるべく国土を解放した」とある。とすれば、母方の深井は渡来人の末裔で、小生が朝鮮系との思いは当たっているかもしれない…。思いの一端を記した。

そのころの時代背景

父母の生まれた時代から日本は（主に司馬遼太郎『坂の上の雲』によれば)、とりつかれたように近代化、西洋文化の取り込みにまい進、その過程でロシアの中国から朝鮮への軍事介入を将来的な日本への脅威とみなし、ロシアに挑んだ日露戦争に勝利（司馬いわく「単にロシアが引き揚げただけともいえる」）した。それによる世界的な信頼を得た時点で自重すればよかったと思うが、それからはるか下って昭和16（1941）年12月、資源に乏しい我が国は真珠湾のハワイ米海軍基地への奇襲後に米国に宣戦布告し、連合軍との太平洋戦争へと突き進んだ。正に、その前年の昭和15年に小生が生まれているのである。

太平洋戦争は、国民の生活を犠牲にしても「戦争に勝てば」とてつもない繁栄をもたらすとの悪夢の時代でもあったと思われる。悲惨な結果をもたらしたその戦争は、昭和20（1945）年8月に日本の無条件降伏（連合軍の本土総攻撃寸前）で 終結した。

小生は田舎にいたので連合軍による空襲などの重大な惨禍には遭遇していないが、飛来する米軍機B29を恐れて木陰に隠れたのを覚えている。それよりもその後の食糧不足から小学校時代には米を食べることはほとんどなく、主食はサツマイモといっても過言でなく、服装も母や姉が仕立て、靴はなく（よくて下駄)、夏などは裸足が普通の貧しい記憶が強い。しかし、今に思うとその何もない時代は、ただ遊びが主体の心的苦労のない少年にあっては、不幸ではなくむしろ幸せであったようにも、不思議な感覚として覚えている。

おぼろげな富岡の地

小生誕生の富岡には、数え年4歳ころまで住んでいた。その記憶では、家は百坪ほどの広さの土地に建坪40坪ほどの木造で、1階建てと思うが家族構成を考えると2階屋であったかもしれない。庭には玄関まで2間ほどに敷石で隔て、道路に面した木戸門（冠木門）があり、その引き戸開閉時に上方の薄く幅の小さな銅板らしきヘラ状の先の鈴がチィリンチィリンと音がしていたように思う。また、庭にはイチジクの木があった。これは、近年兄がイチジクを食したといっているので符合する。また、裏の塀を挟んで上信電鉄の電車が走っていたことは何となく記憶にあるが、それ以外、家の中の状況や生活のあり様などは全く覚えていない。すなわち、家の部屋割りがどうであったのかはもとより、どう寝起きしていたのか、何を食していたのかも記憶がない。当時の母の顔さえ覚えていない。幼年期には記憶を残さない不思議、否、生き物はそのようにうまくできているのかもしれない。

転居とその地

砂利道を、この時代にはほとんどないトラックの荷台に揺られ、生まれた富岡の地から転居したときを覚えている。と、いっても途中の砂利道での一場面が、何か不思議な映像として頭の中に残り、その前後は記憶がない。どこに転居したのかがわかったのは、それから後の5歳過ぎころのことで、この時期から小生の記憶を留める人生が始まった。

転居先は父の生家（全国的にはどうであるか想像できないが村内では五本の指に入るほどの大きな農家）の地、群馬県多野郡神流(かんな)村大字下戸塚（現・群馬県藤岡市下戸塚、以降「神流村」）という所であった。

その本家の二階から多分一年以内に、そこから200mほど西南西の高台、本家の通称「下方(しもがた)」に対し「上方(かみがた)」の地に建坪30坪ほどの新居、とはいえ材木は古材であったと思うし、すぐに傾くほどの普請で、隙間風の入る家に住まうことになり、生まれた富岡よりもこの村が小生の故郷となったのである。

小生の物心ついてから18歳まで育ったこの神流村は、北に赤城山、北西に榛名山、西に妙義山の上毛三山、その西はるか妙義山の後方に浅間山を、さらには、浅間山の左には荒船山を遠望する、関東平野の始まりの地、上毛三山からは50kmほどの同心円の中心的な位置の地である。空が開け青空のこの地※2は、職業人になって出張などで日本各地を見る機会を得た経験からも、風景的にも素晴らしいところであった。

この故郷となる下戸塚の地について、少し詳しく記してみることにする。

※2 「空の開けた風通しのよい地」に関して、ときの上野(かみつけ)の地を司馬遼太郎は「山に囲われず敵から見えすぎて落ち着けない地と感じ、勢いはあったが山育ちの上杉、武田も一次的な支配にとどまり本格的に居城を構える気にならなかったのであろう」と記している。司馬は、上毛三山からの見通しまでは考えた着想でないと思うが、住んでいた小生には、より強く明け広げの地で、ために、群馬県人は隠しごとの少ないところがある…要因と思ったりしている。

この地の代表は、清水がコンコンと湧く3連の池（いずれも200から300坪の沼）をもつ水沼神社[※3]という境内約2000坪ほどの神社があることである。残念なことに、小生が中学生になったころ、清水がほとんど湧かなくなってしまった。3連の池のうち最上流の水源と中間池は村内幹線道路で分けられていが、元は同一の池であったと思う。さらに想像すれば3番目の最下流の池は、稲作には水温の低すぎる湧水を一次貯留して水温を上げるために設けられた人造の池と思う。

この池から流れ出ていた水量は、その水路（人造川）幅1.5m、通常水位30cm、流速1mと試算すれば、その水量はほぼ毎秒0.4～0.5m^3、これは1秒ほどで風呂を満たし、やや専門的になるが、仮にこの水量を管で送水するには直径400mmを要する。そして、ここから下流に下戸塚の大半の水田が開けている。稲作が始まった紀元前後ころの弥生時代を想うと、正に恵みの神の水であったことが容易に想像できる。もどり、その湧水は地中から噴煙のように池の10か所ほどから湧いていた。

当時は当たり前な光景と思っていたが、今想うに、水は高きから低きに流れる原則から、その水源を想像すると、最も近い山並みまで2kmはあり、平地の長距離をどう潜ってここに至り、なぜその終点（この地では源流）がこの地点になったのか、誠に神秘的といわざるを得ない。

※3　この神社は、30年ほど前の発刊の『多野藤岡地方史』（以下『地方史』という）の記載によれば、この地が大化の改新ごろには相当な国司（その以前は国造）が治めていた記録が残っている文化圏で、そのころにさかのぼる古い神社らしいが、起源などは定かになっていない。余談だが、小生の観察では、平坦な地の一点から清（聖）水が湧きでている所には必ず神

また、この神社の境内には高さ3m、横1.5m、厚さ0.8mほどの楕円形の重さ約5～7トンほどの大きな石碑がある。この石碑は角を丸みに荒い加工をしているが、文字などは彫られてない。「近くの古墳から運び、建てられた」と、聞いたことをおぼろげに覚えているが、昨今『地方史』の古墳のくだりを読むとそれに間違いなさそうである。不思議なのは、村内はもとより小生の知る範囲にはこの石碑（古墳の棺の上蓋？）に用いた[※4]比較的やわらかな岩石を切り出す地層の山はない。古墳のものとすれば相当な権力のある人の墓で、丸太をコロとして最善な方法で運ぶとしても50人以上の人力を要したであろうことを想うと、往時の人には恐れ入る。

その関連で、今は完全に消滅してしまったが、当時、荒らされてはいたが直径20m、高さ3～5m程度の古墳が数か所あって、その上の雑木林でハサミムシ（クワガタ）を捕まえたり、チャンバラごっこで遊んでいた（なんと墓の上でばちあたりな）。地方史によれば

社があるように思われる。有名な所では静岡県の「富士宮神社」、急に小さくなるが八千代市の正覚院南面の小さい祠「釈迦堂」がある。古来、生活や稲作に必要な貴重な水が湧くのをみれば「神」と崇める、理屈抜きに至極自然のことであったと思う。水沼神社（当初は「明神」とも）は、知名度はないが規模は全国的には大きいと思う。

さらに、この文化圏についていえば、この地から南の関東平野（ほぼ武蔵野国）はたぶん洪水のため文化は開かず、往時の「鎌倉街道」（上野からほぼ南に真っすぐに府中を通り鎌倉への平野の山側のルート）に古い文化圏あったと思える。

※4　この「古墳の棺の上蓋」と推定できる石材（岩石）は、地方史では石臥山を中心に東西20kmにあると記されている。その地は、少なくとも神社から数10kmはあろう。

群馬県上野（かみつけ）※5の国には8423基の古墳があり、その内でも「神流古墳群」（村内）だけで76基ほどの古墳が築造されていたと記されている。一般に古墳は相当な地位の者の墓といわれているが、これほど多くが集中しているとすると、当時の人口の多くないと思われるこの地方の社会（まつり）背景はどのようであったか？　稲作などできそうにない荒廃であったと思われるこの地は、文化があったのでなく遠方を含む公家や豪族の墓地区域と勘繰る（歴史学者に叱られるが）気がする。

地勢のもう一つとして、村の中心から1kmほど東を「神流川（かんながわ）という普段の流水幅は10数m程度なのだが河川敷の堤防の間が約1kmと広い、神々しい名の川、往時は暴れ川なれど清流が流れていて、よい遊び場でもあった。ただこの川が当村から5kmほどで鏑（かぶら）川と合流、さらに同距離で利根川と合流して、銚子で太平洋にそそぐこと、海そのものも当時小生は知らなかった。それほど村という小さな目で見える範囲で思いを巡らしていた（「外に何があるのだろう」との思いもなく、良い意味では純真な）少年なのであった。

「水沼神社」と「神流川」の二つは今でも心に存在し、後に「水からみの」仕事を歩むこととなった人生に何か因縁めいたものを感じざるを得ない。

この項の最後として、先に記した水沼神社３連の池は、今グーグルマップを見るとほとんど跡かたなく埋め立て造成され、小生が住んでいた付近は藤岡市郊外とし宅地化され、様相は一変している。

※５　司馬によれば、上野（かみつけ）の国は、関東（箱根から東、奥州の南端）で最も早く、平安期（820？年以前）に開けた、中央（奈良・京都）から独立のかたちでという。同格の国は「常陸国」「上総国」の２国のみという。

ここに記した風景は小生の脳裏のものである。

故郷、神流村とその時代背景

先にふれたとおり、生まれは富岡なれど、故郷と問われれば神流村と答える。その期間は、転居の4歳に近いころから高校入学までの10年ほどである。高校の3年間は当地から高崎市の高校まで自転車と汽車、そして徒歩での片道1時間半余の通学と部活動の時間を含めると、帰宅が夜の7時過ぎが普通であったことなどから、心は故郷から離れた。

これもふれたが、この地に転居時にはすでに我が国は太平洋戦争敗戦に入っていた。戦地[※6]での惨事や「東京大空襲」（昭和20年3月10日）などは農村住まいであまり記憶がないが、小生らへの影響は、敗戦（昭和20年8月15日）後の食糧難に尽きる。親たちは物資不足でなお心労であったであろう。物心ついての食事は、主食は何とか麦飯（ときには芋混じり）にありついていたが、うどんはまだよく、自家栽培で唯一遠慮なく食べられたサツマイモの時代であった。今でもサツマイモがなかったら小生はいなかったのでは、と真に思っている。海の魚は年に数回のサンマ、ニシン、まともな海の幸を食したのは中学生になったころの正月にマグロの刺身を食べたのを覚えている程度の今では考えられない食生活であった。それでも、母が作ってくれた学校への弁当には飼っていた鶏の卵焼きと海

※6　妻の父は、当時のラジオニュースで「激戦の日本軍は快進撃中」と、国民に嘘を報じるようになった1943年ごろ、南方のフィリピン首都マニラのあるルソン島で、弾は尽き道なき森の暑さ、蚊の来襲、飢えの状況下、若くして無念の死（遺骨なし）に至っている。

苔が入っていたのがありがたかった。弁当を持ってこられない同級生も何人かいたのだ。いずれにしてもこの時期、農村でありながら農家（本家含み）からも恵みはない。父母、とくに母は、食のために相当な心労であったろうと、しのばれる。

しかし、今おもえば麦飯、自家栽培のすりゴマ入りのつゆで食べる母や姉、ときには少年の小生が作る自家製手打ちうどん、竈（かまど）でマキを燃やし釜ゆでのサツマイモ、炭（すみ）焼きでの川魚など恵まれていたのかもしれない。

両親の心労といえば、敗戦で貨幣経済は崩壊し、父が家を建てられたほど貯めたお金が、一夜にして紙切れになったと、母がいっていたのがわびしく思い出される。

つらい戦争にまつわる記憶に反し、重なる思い出は、もっぱら遊びや楽しい釣り、水泳ぎ、魚の手づかみなどが記憶に残っている。釣りは、父について自然に覚え、食糧難でのありがたい動物性食物のこともあり、夢中になった。釣る魚は、水沼神社の池でのフナ、神流川や農業用水路でのハヤ釣りであった。今、釣りをしないのは、食べないものは捕らない…の心境に由来する。

釣りについてもう少しふれる。その釣りは、ひそかに一人で行うのを常としていた。ときには友達と行ったこともあるが、どうしても集中できなかったのは、友達が釣れないのに小生が釣れるのはよい気持ちでなかったことによる。特に水沼神社でのフナ釣りは、1m 未満の水深で姿のよく見える（とくに冬）魚の目前に餌のミミズをそっと落とす…方法で、どうしても一人の方がよかったこともある。蛇足ながら、この姿の見える魚を釣った経験から、はるか後に佐原在住時代に行ったヘラブナ釣りにおいて、濁って姿の見えない場面でも魚のようすが見える感覚で釣りが行えるようになっていた。裏返しに海の釣りがあまり好きになれない理由に、見えない魚を想像できないからである。

ここで話が大きく逸れるが、当時の本家を通して農村（農家の日本的な風景）についてふれてみる。富岡の地から転居した時点から数年、記憶のはっきり残る小学生になってからは、農繁休暇[※7]には、稲・麦の束を田畑から納屋に運ぶリヤカーの後押しや牛馬の鼻取り[※8]などの手伝いで５日ほど本家に寝泊まりしていた。ここで農村の生活をみているだけでなく、一応知ることができたのである。

その記憶をたどると、農家の状況は江戸時代のそれにかなり近いものであったと思う。すなわち、農業の動力の主体は牛馬であり、牛馬を使えない田植え・稲刈りなどほとんどは人力であったし、刃物以外の多くの道具は木材・竹でつくられていた。

本家は門（準長屋門）構[※9]の敷地五百坪ほどの家柄で、門を入ると通路を挟み右手の東側に納屋、左に厚い土壁の蔵を有し、それらの奥の北側に百五十坪ほどの庭があり、その西面には20坪ほどの坪庭（これも庄屋的農家の証か）があった。住まいは建坪百坪ほどの

※７　当時の農村では、田植え時期（６月末〜７月初旬）と稲刈り時期（９月末）の年２回、１週間ほど小中学校は連休となっていた。

※８　この時期、我が国には耕運機はなく田畑の耕運は鋤を牛馬に曳かせ耕していた。その際に牛馬の鼻を棒で案内する役目を「鼻取り」と呼んでいた。ここで少々補足すると、本家の長男はときどき鞍も備えた乗馬を、今でいうサイクリング感覚で楽しんでいた。ここでの馬の飼育は元は遠出の乗馬用であったかもしれない。さらには、本家以外では馬をほとんど飼っていないことから、馬は豪農の象徴でもあったかもしれない。

※９　江戸期、農村で門構えを許されるのは名主（庄屋）か献金した大百姓と、司馬はいう。

２階家で、庭を通り玄関を入ると２間ほどの幅の土間があり、その右側に馬・牛小屋、左側が居住区となっていた。土間の奥に10坪ほどの炊事場があり、土製のかまど２基か３基で、桑の枝などの薪（たきぎ）を燃やし、炊事を行っていた。さすがに数年後に、外に馬小屋１室・牛小屋２室が造られ、牛馬とは別棟となったが、馬・牛はそれほど貴重な存在で、人間と同居していたのである。また、便所は屋内にもあったが、それは主に家長のもので、ほかの者は外の便所（せっちん小屋と肥溜め※10からなる）か、夜間の小便は土間に肥桶※11を入れておき、使用していた。また、養蚕（ようさん）※12の時期の住まいは、人より“お蚕（かいこ）”を優先の生活をしていたし、養蚕には換気が必要であったようで、農家の屋根の棟には吹き抜けの屋根小屋が数か所付いていた。２階は、養蚕のものだったかもしれない。

さらに、古き時代を彷彿（ほうふつ）させる当時の事象について、ふれてみる。

まずは飲料水（水は自然の恵み、タダで当たり前と思っていた）について、もの心ついた小生が見た本家には、時代劇でみる釣瓶（つるべ）式の井戸があった。一辺1mほどの正方形の石積で壁を補強した地中5m

---

※10　肥溜（こえだ）めはその時代、糞尿が貴重な肥料として畑に撒かれていた。この糞尿を汲み出しやすいよう、広さ４～５㎡、深さ1.5mほどのコンクリート製の槽で、木製の便器で下は空洞から直接流れ込み、上辺は地表とほぼ同じなので、子供など転落の危険な構造であった。

※11　肥桶とは糞尿小運搬用の取手の付いた木製の樽。これを肩に担ぐ天秤棒の前後に一つずつ吊るし運搬した。関連として、昭和20年の敗戦以降はＧＨＱ（駐留連合軍）の指導で廃止されたが、それまで人糞は野菜類の肥料であった。このため小生を含む日本人のほとんどが寄生虫（主に腸内の回虫）を宿していて、体内で栄養分を搾取されるため血色も悪かった。

※12　養蚕は、絹糸をつくる繭（まゆ）をとる目的で蚕（かいこ）を卵から育てる仕事。織物用の絹糸は明治以降、とくに戦後わが国の貴重な輸出品で外貨収入源であったと、後に知る。

ほどの深さの穴で、地下水が1mほどの深さで滞留していた。しかしながら、すでにどの家でもその井戸に手押し井戸ポンプ[※13]を取り付け、ハンドルを上下する人力で美味しい水をくみあげ、その場での飲料以外は、桶で炊事場や風呂桶などに運び利用していた。だが、5年ほど後には公共水道が引かれ、ひねると水の出る便利な時代になった。なお、水沼神社からの川に近い家では洗濯、米とぎ、食器洗いなどを、川で行っていた。

次に米の収穫（牛馬を使っての耕運はここでは省く）についてである。そのプロセスは弥生時代後期から変わりはないように思うが、動力で動く機械は用いられていなかった。すなわち田植えは指先に挟んだ苗を、順次張り替えられる細縄（細い鋼線）に沿って、一定間隔に水を張った田に10人ほどの女性が横一線に並び、後退しながら手際よく差し込み植えてゆくのであった。男どもは、苗束を運んだり、植える女性に苗束を配ったりの補助仕事がもっぱらで、細縄張りをするのは小生ら子供と番頭[※14]の役であった。どちらかといえばこの田植えは祭り気分があったように思う。

一方、秋の稲刈りは、ほとんど家族だけの大げさには殺気だった雰囲気のなかで行っていたような気がする。この総がかりの稲刈りは、その場の地面にねかし3日ほど天日干し、順次納屋にリヤカーで運び込み、次の脱穀（茎(くき)から実を外す。外した実を籾(もみ)、外された茎

※13　本体は鉄の鋳物製の筒（シリンダー）で、内に逆止弁の付いた木製ピストンを外部ハンドルで上下させ、地下水をくみ上げる機器。パスカルの原理に基づく画期的なものといえる。

※14　昭和初期までの豪農は若い男性を住み込みで雇い、たしか番頭と呼んでいた。本来、番頭とは商家の使用人の長をいうが、農家では適当な言葉がなかったのでそう呼んだと思う。

をわらという）は、ランダムに太い鋼線を逆Ｖ字型に植えた木製円筒を足踏みで回転させる「脱穀機」で行い、引き続き、枠から羽根のすべて木板で造られた手回し式「送風器」にかけ、わら屑など不純物を吹き飛ばし、きれいになった籾を庭に敷いたむしろ（稲わらを編んだ敷物）で２日ほど天日干し後、俵詰めを行い貯蔵・出荷までが終了する。天候を気にしながら、きわめて手数のかかる人力の作業であった。今、これら作業は耕運機（トラクター）で機械化され、ほとんど一人で片づけてしまうことができるようになった。隔世の感がある。

さらに、この項でふれた農繁休暇のこと、そのときの手伝いの駄賃として本家の叔母※15から500円（今の１万円以上）をいただいた嬉しい記憶がある。その当時、子供のお金の使い道は、集落に１軒の商店で駄菓子（一度に多くても10円）、盆・正月・村祭りなど限られたときに行く徒歩で30分ほどの映画館、また、支那（しな）そば（ラーメン）が20円程度であったので、少なくとも300円は母に上げていたと思う。

この項の最後に、相当古くからと思われる村の祭りにふれてみる。この催（もよおし）は「どうそう神」※16と呼び、小学校５、６年生と中学生の子供が主体で正月14、５日に行われていた。小学生は14日の昼に集落の一軒一軒を回って、お金など何に使ったか不詳だが寄付（喜

※15　本家の叔母といったが、小生の母の姉に当たる人。小生の父母は、ともに本家の弟、妹の絆である。

※16　我々村人は「どうそうじん」と呼んで、同族が集まり外部からの侵入を防ぐという形態がみられ、同族（相）陣（神）からきた言葉のように小生には思える。全国的には「とんどやき」と呼ばれているようで、古くは勇壮な祭りであったかもしれない。よく聞く「道祖神」とは異なる。

捨）を集め、中学生は10数本の村内から喜捨された青竹を、地面に3mほどの円で頂部を結ぶ円錐に組み、外周面をわらで覆う「○○櫓（やぐら）」を造り、それを徹夜でほかの集落者からの攻撃（実際燃やされたこともあるらしい）から守ると称し、夜通したむろし、早朝暗いなか村人が集まり、「○○魯」に火を付け燃やし、村人は正月飾りを投げ入れ焼くとともに、残り火でお供えの餅を焼いて食べるか持ち帰り、1年の無病息災を願う祭りであった。しかし小生は一度しか経験がないので、この時点でこの祭りは消滅したと思われる。このような古式ゆかしい各地の村祭りが絶えたのもこの終戦後の特徴であった。事実、隣りの集落の神楽[※17]（神社の舞台で笛太鼓に合わせ面をつけた舞手が、魔除けや、風刺の舞を踊る）もたぶんこの時期にすたれた。敗戦のショックの大きさと思いたい。この舞などは、手ほどきで世代に受けつなぐもので、当時はビデオなどないからいったん消滅すれば復活は困難なのである。

この古里は、さすがにウサギは追わなかったが、かの有名な唱歌「ふるさと」を脳裏の映像として浮かぶ光景であり、今その歌を歌うと自然に潤む。今はその光景はない…それがときの流れなのであろう。

小学校の記憶

小学校に入学時の記憶を思い出せない。最初の記憶は、入学から4、5か月であったと思うが、女の（名はたしか山田）先生の家庭訪問があり、先生が帰ってから母（小生は生まれが農家でないので「お

※17　今、千葉県八千代市村上の宮内地区にある「七百餘所（しちひゃくよしょ）神社」に、関東随一と思われる神楽が保存されているので、ご覧あれ。

母さん」と呼んでいた。農家の子は「かあちゃん」であったと思う）から、「富生ちゃんは勉強に興味がないようだ、福田家にはそぐわない」というようなことを先生にいわれたと、それとなく叱られた。それを機会に、小生は中学校まで、一応勉強のできる子と思われる程度の勉強、先生の教えをよく聞く、を主とした。

その程度の勉強でなく、もっと高い次元で勉強しておけばよかったと、成人になってからのいつわらざるところなのであるが、当時の農村にいた小生にはそれはまったくなかった。とくに国語を無視したのは決定的な不覚であった。小学校に６年間いたのだから多くのできごとがあったはずだが、ほとんど覚えがなく、ここでは二、三のらちもないことを記してみる。

３年か４年生であったと思うが、国語の時間に「工場」という熟語を「こうじょう」と読むか「こうば」と読むかで、女性の先生にくってかかったことがある。音・訓も教えられていなかったと思う。なぜそうなったか、たぶん当時周囲の大人は「こうば」といっていたのが原因と思うが、いわゆる反抗期の始まりであった。と同時に小生の悪い生きざまで、深く考えずに一人で決めつけてしまう、くせの始まりでもあった。さらに下って６年生のとき、男の先生が、比較的素直な生徒４、５人を、先生の実家（この地に「多胡碑」がある）に誘っていただき、自転車で行ったことがある。小生はこのようなことで特別扱いされるのが、そうでない友達に何かいわれそうでビクビクしていたのが嫌な記憶として残っている。このような事態にビクビクする癖はどこからでたのであろうか。堂々と行動する性格であれば、人生は変わったものになっていたと思う。その関連は、３年生ごろ農家の友達を遊びに誘ったとき、誘った子に対しその父親から「畑の仕事が忙しい、遊びなどに行ってはいけない…」と怒鳴られた。農村にいながら勤め人の子の小生は、ショックで逃げ帰った苦い思い出がある。

小学校の卒業式での蛍の光の唱和は、ほのぼのとした記憶にある。また、これに先立ての校門をバックにした記念撮影は、身近に写真機などなく、大きな町に一軒あるかないかの写真屋さんの時代の思い出として残る。

中学校時代

中学校は小学校と同じ敷地[※18]にあったが、気分としては何か大人になったような高揚を覚えている。教科は、小学校の教科から算数が数学となったほか、英語と音楽（戦後期、小学校には唱歌の時間もなかったように記憶）が加わり、とくにそれぞれ専門の先生に教えられる方式が、これも「中学なのだ」と新鮮であった。

授業のうち、数学は当時の田舎では異例に近い一橋大学を卒業した新任の学級担任ともなったＫ先生の自作応用問題が、高校入試試験をはじめ、後の技術屋としての人生において物事の解き明かし、組み立ての考え方の土台を築いてくれたと、今も感謝している。この先生は、腰ベルトに手ぬぐいをぶら下げ、自転車[※19]のハンドル

※18　『地方史』によれば、この中学の校庭に古墳が３基認められていて（在学時には聞いていない）、その石室の形状が記録されているが、平面形状は、先の水沼神社の石碑の形状と符号している。

※19　終戦からほぼ８年経過しても自転車を購入できる人は少なく、自転車屋（村内に１軒のみ）は販売よりもパンクなどの修理が本業の店であった。さかのぼって、12歳上の兄の話では、ときの富岡中学（今の高校並み？）の友だちは、「20km ほどの舗装のない凸凹な山道を自転車で通学していた」と、いっていた。その健脚にあきれる感。その自転車は、フランスあたり

にキセル[※20]を立てて通勤してきた。一風変わった感があるが、正直な人で、個人として深く付き合いはないのでそう記しておくが、夏目漱石の『坊ちゃん』を想わせる風貌であった。このよい先生はそれから10年後ほどに他界したと聞いた。善人長生きせずか。数学が面白くなった反動か、それ以外の授業は小学校同様、真剣になれず。とくに英語は、当時の田舎者には外国という概念はなく、役に立たないと決めつけ時間を無駄にしてしまった。これは高校に進学してもそうで先見の明がなく残念であった。また音楽は、まだ若い女性の先生で、生意気になった男子生徒どもはその先生を泣かせてしまったこと、音楽授業そのものを馬鹿にして楽譜の読み方も覚えなかった。そのことが戦後に入ってきた洋楽が好きになった20歳ごろ、欲しくてトランペットを購入したときに、楽譜が読めなく、残念に思ったことである。

授業とは別に、次のスポーツにおける経験が、以降の生きざまに終始影響した。すなわち、当時の田舎ではスポーツといえばラジオ[※21]で聞くだけで、実際には自分で行ったことはない野球の時

から輸入した、今の価値で50万円ほどのものと想像される。

※20　煙管（きせる）とは時代劇でよくみられる「刻みたばこ」を吸う（のむ）道具。当時、紙巻きたばこは貴重品で、庶民はこれを吸っていた。

※21　ラジオは当時の唯一の情報源、父が家にいるときにはもっぱらNHKニュースで、父がいなければ小生は主にプロ野球中継を聞いた。子供向けの放送劇もあったがあまり聞かなかった。むしろ母が比較的好きな流行歌をよく聞いていたように覚えている。日本でラジオ放送が始まったのは小生が生まれる約16年前（1924）である。

代[※22]で、サッカーなどは聞いたことはない。唯一行える競技らしいのに卓球があったが、「ピンポン」といっていたくらいで、遊びの感であった。

そのような背景の中学２年の始めころ、どのような経緯からか数学の金村先生の指導でバレーボール部が誕生した。もちろん、その競技も初めて知った。当時、農家の子は親の手伝いで部活動を行える状況にはなく、入部するのは農家以外の子しかなく、小生も当然入部させられた。間もなく、どのような経緯か高崎工業高等学校のバレー部の先輩から指導を受けるようになり、たちまち周辺の学校には負けない強いチームとなった。そして３年生で藤岡地区の大会（当時このような大会があったとは、時代背景から、今思うと不思議）で優勝し、地区代表とし県大会へ出場したのである。が、ここで本当の意味での小生の弱さを味わうことになった。

それは、まず初戦の相手が県庁所在地の群馬大学付属前橋中学校と決まったときに戦う前から名前負けしてしまって、技では勝っていたはずなのに、上がってしまい、ふだんできたことがうまくできない、それまで経験のないなさけなさを味わい、結局、接戦はしたが負けてしまった。試合後に「このようなことはこれからいっぱい

※22　小生が小学校に上がる前後、「本家」の小生の従兄に当たる15歳ほど上の若主人に「お前は将来なにになる」と聞かれて「プロ野球の選手」と答えたことを鮮明に覚えている。野球も農民が鍬を持って耕すと同様に、練習などしなくてもできると思っていた。それはラジオで聞く憧れのスポーツで、田舎の現実は、野球をやろうにもバット、グローブ、ボールまでも入手できない環境、経済的にも高価な時代のことである。ただ、たしか小学生３年ごろ、父が開会式で挨拶をするから一緒に来いといわれ、社会人地方野球大会の試合を生まれて初めてみた。このとき憧れのはずの野球なのに面白さは全く感じなかった記憶がある。

ある」くらいの気概があれば、その後の人生はまったく違った歩み方になっていたかもしれない。甘えて育ったことと田舎育ち※[23]の背景があるような気がする。

それらのことを経て、人生最初の岐路である中学校3年の進学か就職かの時期となった。この当時まで、中学卒業で就職をするのはむしろ当然の時代である。そのような折り、兄※[24]が小生を文系には向いていない、との思いでいった「お前は、機械いじりが好きなようだし、就職のことも考え工業高校に行きなさい」との一言、今思えば短絡的発想だが、当時小生もそのとおりと思い、また経済的にも大学進学は全く考えていなかったので、群馬県立高崎工業高等学校を目指すことに決め、半年ほど毎日数時間の受験勉強、人生でこのときだけの勉強らしい勉強を行い、思いどおりに同校へ入学することができた。余談だが、小生の機械いじりは、この当時身近にあった柱時計、手巻き蓄音機を分解してみる程度で、高度のものではなかった。と、思うと兄は小生を機械職工にとイメージしたのかもしれない。

高校のできごと――人生の岐路

中学を卒業し、合格することのできた群馬県立高崎工業高等学

※23　はるか後に東京育ち（昭和10年代までの生まれ）と付き合うようになって、彼らはそれをいったら田舎者は気分を害することを、平気でいうことがわかった。悪いと思っていない。対し田舎育ちは、むっとしても言葉に出せないで滅入ってしまう。このことからも、常に人に気をつかってしまう田舎育ちを小生は検証できる。

※24　兄がいることを実感したのは、中学1年ごろ、兄がたまたまゆえあって中央大学を中退し、東京から家に帰っていたときである。この兄から高校進学の勉強を近所の同級生3人で（今でいう進学塾か）教わった。

校[※25]の機械科へ入学した。学校の所在地は高崎市で、自宅の神流村から高崎線新町駅まで自転車、それから電車（列車を電気機関車がけん引の時代）で、それぞれ約15分、高崎駅から半分裏道を歩いて約30分の通学をした。この高校での思い出は、長い人生では結果はよかったのかもしれないが、ほとんどが悪しきものであった。

そのことにふれてみる。

①最初の定期前期試験の数学で、クラスの1位となった。もしこのときすべての学科で一番になるのだと思うくらいの積極性があったなら、小生の人生はバラ色であったかもしれない（同じようなことを何度もいうが）。しかし、そのときには「県内の優秀な生徒の集まりと思っていたのに、なんだそれほどの優秀な集まりではない」と、その後、学業を何となくおろそかにし、後にしっぺ返しを受けることになる中途半端な学業にしてしまった。

②中学時代のバレーボールが認められ、当然のこととしてバレーボール部に入った。この部は、県でも優勝を狙えるほどの実力があり、小生がつまずかなければ、その勢いが継続したと思うが、次に示すことによって、Bクラス近くに落ちてしまった。

すなわち学業での数学でクラス1位となったのとは逆に、粗末な食事の体力のなさから技術向上の見込みなしとの思いが気の弱さと相まって全面に出るようになり、1年時の夏休みに、前年中学時

※25　当時、群馬県の高校は15校で、普通（男）6、普通（女）2、商業（共学）2、農業（男）2、工業（男）3程度で、就職に直結の実業校が多いことがわかる。とくに県内に飛行機、紡績機などの工業が盛んであったことから工業高校は3校もあった。なかでも本校は全県と隣の埼玉県から生徒が集まる、高崎高等学校（普通）と並ぶ高位の学校であった。現在、群馬県には当時の約3倍の高校がある。

に予約していた鼻炎の手術で入院し1か月休部、その後の左手首の炎症による通院とつながり、高校生活の青春期を暗くした。

もし「人を突き飛ばしてもバレーボールをやってやる」というような強い気概があったなら楽しい高校生活ができたと思うが、そのときはそうはならなかった。これも育まれた個性からくる人生であったと今にして思う。

③昭和34年3月[※26]に高校を卒業することになるが、その3年中期から今に思うと不思議だが勉学がどれほど役立つのか、と軽んじる心が芽生え、重要な転機に何かの因縁が作用し、最大の岐路の就職試験を迎えたのである。

就職のつまずきから、何とか就職へ

高校3年の夏休み明けと思うが、就職試験の最初に当時日本を代表する日立製作所[※27]に推薦をいただき、1次試験の面接を校内で受けて通ったが、本社工場（茨城県日立市）に出向き1泊2日の筆記試験、面接で、ダメな予感が当たり数日後不合格の通知を受けた。その受験姿勢での反省点はわかったが、気落ちの気分が強く反省点を修正できないまま、その後の数社の入社試験も結果は同様であった。さすがに大きなショックで沈んだ。同時に高校の過ごし方

※26　この年の4月10日に平成天皇（当時の皇太子）の美智子様との結婚の儀がとり行われた。その1年前（1957年10月）にソ連（現・ロシア）が史上初の人工衛星スプートニク1号の打ち上げに成功、それは、ニュートンの法則の素晴らしさを、改めて工学生としてかみしめた思い出がある。

※27　この当時、家電製品はテレビ、洗濯機は出まわりかけていたが、電球、蛍光灯、ラジオ（真空管製）の時代で、日立製作所は産業機械を主力とした機械メーカーで、機械科卒業生の憧れの会社であった。

の甘さを痛感したものである。

就職先もほとんどなくなりかけていた卒業年の正月も中旬ごろと思うが、どこでもよいと思っていた時期に、何々建設何々というところで募集していると先生から聞き、建設とつくのであれば土木関係とわかったが、機械職で通るのであればどこでもよいと割り切り受験した。試験科目に英語もなく簡単と思った筆記試験に通り、東京の浜松町（後でわかったが、ここが当時の本局）での面接に臨み合格を得た。このときの安堵感は高校入試に合格したときと同様に覚えている。

そして、昭和34年3月末日になぜか父に付き添われ、就職先の群馬県沼田市に所在した国の「薗原（そのはら）ダム調査事務所」に赴いた。受け付けの女性を経て庶務課長（ときの事務所ナンバーツー）に挨拶を行い、うすうすはわかっていたが、そこが国家公務員の属する官庁と、初めて確認した。そのくらい、就職に関していい加減、よい意味では、仕事なら何でもよいとの気概であった。

前後するが、なぜ父に付き添われたかについて、当時の小生は国の成り立ちを知らないから、公務員という職も理解していない一方、父は小生がみせた書面などから、面接先が国家機関とわかったと思う。父が警察官にあったころの新規採用の場面を思い、親として挨拶すべきと同行したものと思う。

人生には、「たら…れば」はないが、もし最初の日立製作所に入社できていたとすれば、歩んだ人生とは、かなり違っていたのではないかと確信的に思われる。人生の岐路とは、つくづく怖いものだと思う。ただ不思議なことに入社できなかった同社とは、就職した薗原ダムの現場で、同社が戦後開発した１号機のトラッククレーン、パワーショベルさらにケーブルクレーンを運転・修理したり、さらに後(のち)八千代エンジニヤリング株式会社（当社の株主でもある）で協力を仰ぐなど縁の浅くない関係となるのであった。

国家出先機関での薗原ダム建設の5年

「国の出先機関」といっても、小生が就職した時代は、戦後とくに朝鮮戦争後の社会整備と失業者救済の国家戦略上から公共事業が推進されて10年経過ほどの時期であった。ちなみにときに小生がいただいた初任給は半月ごとに（支給され）2000円ほど、先輩たちは月10000円になったら結婚しようといっていた時代である。その国家戦略にそって多くの現場を立ち上げたため、必要な職員（国家公務員）が圧倒的に不足したと思われる。小生入所時の職員の多くは国家公務員試験を受けずに、小生同様の10人ほどを除くほとんどは、数年前完成の藤原ダム（水上町）の現地で、当時あった“所長権限で採用”により入所していたと、思われる。薗原ダムの事務所に勤務していた100人ほどの職員で、正式な国家公務員は10人に満たなかったであろう。

すなわち小生は、手続き上は正規に採用試験を受けて就職したが、実は正規の国家公務員ではなく「常勤的非常勤職員」という今でいい、「季節労務者（期間工）」身分であることが、受け取った辞令（工務課機械係に配属）を読んでみてわかったのである。これではまずいとの思いで、高卒で受験資格のある国家公務員（初級職・機械）試験のあることを知り、翌年に同試験を受け合格、正式に国家公務員に採用となった。もっとも翌年には試験を受けないまま、すべての不正規職員が国家公務員（事務官・技官・2級職）に任命された。そうしないと、公共事業が推進できないとの判断があったものと思われる。

本題に戻り、入所時の薗原ダム調査事務所（1年後に工事事務所）では、ダム建設に最も重要な建設地域住民の同意が必要な用地買収が進まず、かような中では技術職の実務は皆無に等しく、2年間ほどは全く暇な状況で、世の中の仕事はこんならちもないものでよいものか、と思ったものである。

ここで、薗原ダムの目的などについてふれておく。1級河川[※28]の利根川のダム建設地点はその下流域（一義的には首都圏）を洪水による氾濫を可能な限り防ぐ[※29]ため、100年に一度の台風等の降雨を予想し、そのときの山間部である当該ダムの流域の降雨をダム湖に一次的に貯留し、下流河川への流量を調節する機能のために造られる河川構造物である。ただし、洪水調節防御のほかに、水道水、とくに渇水年の農業用水、発電にも利用する「多目的ダム」である。

ちなみに、ダムはその用途の利用価値によって所管がきまり、農林省は農業用水の確保、厚生省（現・厚生労働省）は水道水、電力会社（民間、所管は経済産業省）は発電、とそれぞれ別れている。さらに余談になるが、国では山間部の普段はほとんど水量のない沢での豪雨土砂災害防止に「砂防ダム」なるものを、一般の人には目立たないが数多く建設している。

ちなみに、ダムと呼ばれるのは河川法上15m以上の高さ（堤高）

※28　国（国土交通省）が管理する河川を1級河川という。それ以外の河川は県などが管理する。

※29　国といえども、川の氾濫をゼロにするのは財政上困難で、一般的には50年または100年に一度の降雨（増水）に耐えうる規格で堤防・ダムなどは造られている。

のものをいう。

話を元に戻し、就職から1年過ぎたころ、ダム建設最初の工事として、予定ダム湖の水面から余裕をもった標高に新設する道路の長さ150mほどのトンネル工事が始まった。小生はその工事に請負業者に貸与していた大型空気圧縮機の運転状況を定期的に観察・点検し記録する担当になり、これがダム工事現場での最初の仕事であった。

話がまた逸れるが、このトンネル工事の請負会社は、はるか後の札幌冬季オリンピックやその前後のスキー複合で世界的に活躍する荻原兄弟ら多くの逸材を輩出して名をはせる北野建設（本社、長野県）であった。

就職後2年過ぎた（昭和36年度）ころから、我々機械職担当は、関西電力「黒四ダム」に次ぐ我が国では最初（と、記憶あるが？、いずれにしてもダム建設以外にはない希少な機械）のケーブルクレーン※30を皮切りに、順次コンクリートの核となる石（骨材）を選別貯蔵するプラントなどの設置工事が、ダム本体の工事がいつ始まるも定まらない状況において行われ、現場監督（？）として、ダム現場らしい仕事を行うようになった。肝心のダム本体（コンクリート打設）工事が開始されたのはケーブルクレーン設置から2年程度の後で、昭和37年11月である。

11月からのコンクリート打設は、機械設備のトラブルが多発し、

※30　ミキサーで練られたまだ固まらないコンクリートを定点の荷受け場でバケットに移し、そのバケットを吊り上げ、大きな平面でかつ順次標高の変わるその時点の打設点に、コンクリートを（空中で）放出するバケット運搬クレーンである。

薗原ダム湛水前の完成した堤体上流面

工夫を重ねたが根本的な解決に至らず苦労を要した。しかし、運よく冬季のコンクリート（凍結に弱い）打設休止期間に入り、正月明けからトラブル箇所の根本的な改良にまい進、工事再開以降のトラブルはほとんど解消することができた。一面ではその数か月が、人生で最初（最後であったかも）の、やりがいのある期間であった。

昭和39年３月（38年度）に、副ダム、ダム本体から流れ出る激流を一次的に溜るため本体の直下流に設ける堰が完成し、すべてのコンクリート工事は終了した。今は見ることのできない湛水前の堤体上流面を、寄贈された『薗原ダム工事報告書（昭和43年３月発行）』より抜粋し掲載する。その後、ダム湖の湛水と進み、水門（ゲート）などの試運転等に従事もしたが、先にふれた初期段階以降は大きなトラブルもなく、約３年を要したダム本体工事期間は、おおむね毎日同じことの繰り返しで過ごしたように思われてならない。

薗原ダムの仕事をはるか過ぎて思うに、それなりのダム建設に貢献できた自負はあるが、統計学を理解していなかった小生は、仕事の一部分でも毎日繰り返した貴重な経験を統計学的に解析して書籍にまとめ上げることができなく、またそのような気が全くなく、技術者というより労務者であったのは残念に思う。ただ現場の閑（ひま）を利用して、メーカーが納入設置した当時珍しい機械類の設計計算書や図面を複写（手書き・トレース）したり、『機械設計』という月刊誌を購読して現場の機械との設計計算上の整合を確認したりして、わずかでも「機械屋」として心がけていたのも確かで、全く無能に過ごしただけでないのは自賛ながら救われた。実際、後に技術的にもさることながら心の持ち方の面でも役立つことになった。

昭和40（1965）年3月までの学ぶべき貴重な6年間を薗原ダム事業に携わった。その、まぎれもない証しとして、はるか後にダムサイトに建てられた記念碑の末尾に小生の名が刻まれている。何かの折にご覧いただければ幸いです。

少々しつこい蛇足ながら、後に知る業界のことと合わせ、薗原ダムの想いを次で締めくくる。

①世の中を知らなすぎ、世相も戦後を引きずって一途で純真と思う時代に、仕事における規則（マニュアル）など考えず、生産効率は悪かったが、ことに当たって高卒の工夫で仕事をなし得たことは、自己満足でしかないが、面白い時代、大げさにいえば、9000年も続いたという縄文時代のようであった。

②約3年のダム工事中、担当した機械設備の故障で工事を休止させたことはない。人知れず稼働する設備・機械の音、触れての温度、においを常に観察することで異常を察知し、不具合を直すに必要な部品などは事前に業者に指示し、月1回と定められ定期整備の日に修理を済ませ、何事もなかったようには稼働を継続していたのである。このように機械設備不具合でのダム建設作業の休止がないのは、その後の多くのダム工事ではほとんど聞いたことがない誇れる記録と自負している。誰も気づかないし、自慢したこともないが。予期しない故障で工事が停止すれば、損害は今の価値で1日当たり数百万円となったであろう。

それからの国出先機関の時代

1. 利根川下流工事事務所（以降、T事務所）

昭和40（1965）年４月に薗原ダムから、利根川を下って千葉県佐原市（現・香取市佐原）にある、利根川の下流（利根川河口までの千葉県内及び茨城県の一部）の洪水防御のための河川改修を行っているT事務所に転勤となった。

手前ごとの前に、この事務所の発足時の利根川は、佐原付近では川筋の定まらない蛇行、極端には銚子河口まで沼の状況であったと思われる。従って、今は洪水防御となっている堤防は、単に河川の蛇行を整えるのが主目的で、さらに重要な事業として河川の底浚（さら）い（浚渫）を行い、その浚った土砂を堤内、いわゆる堤防から守られる社会空間に敷き均し、田んぼを造成、食料難の当時の我が国における食糧増産が主目的であったと推測される。国の一大事業河川改修※31をこの事務所は行っていた。小生が赴いたのはその一大事業の終末期である。なお前任の利根川上流でのダム建設は、この下流

※31　戦前の内務省当時は道路の概念は希薄で、運送も船が主体であったから、国は河川の洪水及び船運対策（水路の開削・拡幅・堤防の築造など）を行っていた。しかし、太平洋戦争の敗戦による荒廃と重なる昭和20年前半の「カスリーン台風」（当時は何号といわず名称）など大型台風が連続し、利根川筋の埼玉・千葉・東京下町は河川氾濫により、人命もさることながら食糧難での田畑の被害が今よりはるかに深刻で、ダムと併せ河川の洪水予防の工事が優先されていた。利根川は上流・下流の２事務所でその工事に当たっていて、その工事予算は「利根川下流工事事務所」が全国でもずば抜けていたと思う。事務所長は「東大」出で本省に戻ると事務次官（省のトップ）が約束されたキャリア官僚が当たっていた。しかし、小生が当事務所から転出して10年後ほどの所長は、キャリア官僚ではない中堅の者が就くようになっている。

の河川事業とは工学的に整合して計画、実施されている。

次に、赴任のこの地は、歴史的に河川水運の栄えた江戸時代から太平洋戦争終結後約10年の昭和30年前半までは商業都市で、偲ばれる時期の華やかさはないものの古風なことに加え、永年の河川行政の中心にあったことから、事務所内の雰囲気は、前任の家族的なダム事務所とは大きくかけ離れた閉鎖的（古風）なものであった。

例えば、この事務所の所長は、取り巻き、秘書課などはないがそれに似た事務職が平職員など近づけないような防護体制で、小生など何日も所長の姿を見ないことが常で、また上司の機械課長が現場に出るには、出先出張所のしかるべき者に事前連絡しなければならない暗黙の事項があったなど、よい意味では上司をうやまい、悪い意味では上司は閉じ込めて現場の多くは見せない、というような雰囲気があり、さらには所長の家の風呂焚きは、ある職員（家族かも？）が行っているとも聞いた。

かような上下関係の背景は、何十年も遡るであろう過去には、築堤などの工事は、業者のほとんどない時代、国（当時はたぶん「内務省」の官吏）が地元農民を人夫（にんぷ）として雇い、その中から官吏たる自分に代わる頭（かしら）を現場監督に指名し、作業を行っていた、その名残（なごり）であろうと思う。今は死語となったが、その日の作業に来た人夫の確認を「出頭（でずら）」といって、これをもって日当なる給金を支払っていた。

本題に入る。この事務所での機械職の小生は、主に国の事務所で所有の建設機械（船舶を含む）[※32]の修理に関わった。当時まだ「さっぱ船」と呼ぶ5mほどの木造船を有していて、土浦の造船屋（木造専用で今は存在しない）に修繕を依頼する仕事も行ったことがある。

転勤して約1年後からほぼ3年間を佐原工作出張所という機械工場で工場職員（職工）の実質指導者として勤務した。この工場は、町工場などはほとんど存在しない時代、船舶や堤防土砂運搬の機関車・トロッコなどの修繕や製造を行うために戦前「内務省」が所管し、昭和20年代の最盛期には数百人規模の大きな工場であったと聞く。それほどに初期のT事務所は当時国策の一大事務所であり、かつ国の利根川洪水対策への思い入れがうかがわれるといえよう。小生が赴任したのはそのはるか末期の時期、小生がこの地を離れ十数年後にはこの工作出張所は消滅している。

しかし、赴任時にも明治年間製造（輸入品？）と思われる造船用のドックがあり、ワイヤーロープ[※33]を用い、船舶をレール上の台車に乗せウインチで陸上に引き上げる「修船架」と呼ぶ設備が残されていた。幸運であったのは、放置されていたこの修船架を修繕し、小生の発案で、長さ20m、幅7m、深さ2m（喫水1.2m）ほどの

※32　先の敗戦直後は、すべてが疲弊して民間業者が建設機械などを購入する経済的な余裕がなった。そのため国が建設機械などを所有し、工事請負業者に貸し与え、工事に当たっていた。その後急速に経済発展した昭和30年後半には、ゼネコンなどの民間の基盤が充実し、よほど特殊な場合以外はこの「貸付方式」は採用されていない。

※33　修船架のワイヤーロープ（鋼線を撚り合せた紐）は30mmほどの太さながら綱引きの繊維ロープのように柔軟性を有し、当時の日本にはあり得なく英国あたりから輸入したものには違いない。余談になるが司馬遼太郎『街道をゆく（12）』「ニューヨーク散歩」に1860年（日本の幕末）ごろブルックリン橋を設計施工した「ジョン・ローブリング」がワイヤーロープを考案（特許）し製造までを確立したとある。時代は下るが当該ロープは米国または英国製とおもわれる。このような品質のものは我が国にはない。切れ端でも保存しておけばよかったと、今は悔やまれる。

「浚渫船」※34の全面改修（船体新造）のために稼働する機会を得たことである。このようにこの工場の主体は浚渫船の修繕・改造で、その部品加工の工作機械や鍛冶の作業場、また鋳物（屑鉄を炉で溶かし、型に流し入れ部品を造る）工場も有し、なんと自動車の整備も行っていて、小生は「自動車整備士２級」の資格を取得した。しかし、小生在籍の時代は、すでにあらゆる製作修理は民間で行うのが常識になっていた背景から、当工場職員（職人）の仕事確保に難渋の終末期で、工場職員との意思疎通に小生は精神的な重荷を背負っていた。

そして後半の１年、ふたたび事務所に戻り、当時から機械課の主力の仕事となった大型水門※35の鋼製扉体の設計に携わった。ちなみに、神崎町の上流（常総大橋から約 4km）右岸の堤防にそびえる２連の大型水門（新川水門）は、当時計画中であった成田空港を開設するため山林から舗装・都市化に伴う降雨が短時間に流出する水量に対応できる河川（根木名川）の拡幅に伴い堤防機能とし新設されたもので、小生の設計（鋼製扉体）は国内大手鉄鋼メーカー協会編纂『ゲート設計指針』及び鋼構造に関するドイツ規格（DIN）などを参酌によるものである。なおこの水門を製作したのは入札により決まった大阪のＫ鉄工所である。

※34　浚渫船とは、洪水時に上流から流され沈殿した川底の土砂を、箱型をした船体先端から延びるアームに取り付けた回転カッターで切り崩し数m掘り下げ、これを船内のポンプで吸い込み数キロ先まで送水管で送り排出する機能をもつ船舶。利根川改修事業当初には中心的役割を担っていた。今では少ないようであるが、世界的には運河の開削、高度成長期の日本での東京湾埋め立て造成などに活躍した歴史がある。

※35　ここでいう水門は、本川（利根川）増水時に、本来本川に流れ込む小河川への逆流を防ぐ上下可動式構造物である。

この設計説明に次の転勤先となる本局（面接試験場所から移転の千代田区大手町合同庁舎）に出張する機会を得た。その打ち合わせ後、ときの機械課長補佐の高井さんから「そろそろお前も局に来るか」といわれた。もちろん、小生に異論のあるはずはない。

2. 関東地方建設行政の要――本局

昭和45（1970）年、それまでの諸先輩の転勤の流れ、先の課長補佐の話などからして、望みうる最上位機関「建設省関東地方建設局（通称「本局」：関東地方、山梨県及び長野県の一部の建設行政を統括する機関）の機械課※36に配属になった。所在地は東京都千代田区大手町、転勤に伴う家族の住まいは、都心から西南西約25kmの多摩川右岸、東京都稲城市大丸（南武線南多摩駅）という閑静な地の木造1戸建ての小さな官舎であった。住まいからの通勤ルートは、南武線登戸駅で小田急線に乗り換えて新宿駅、丸の内線に乗り換え大手町駅下車の3線利用、通勤時間は、行き約1.5時間、帰り1時間強であった。

本局での小生の仕事は、関東一円に点在する35ほどの河川・ダム及び道路の工事事務所から寄せられる、種々の課題を書面や必要によって口頭で意見聴取をして、対する回答案を小生ら平職員が作成し、課長・部長、重要なものは局長までの承諾（捺印）を経て、「局」の統一見解としてまとめ、回答するのが主なものであった。

※36　ちなみに機械課は局内の河川部でなく道路部に属していた。戦後発祥の建設省では、「日本には（舗装された）道路がない」「軽井沢に行くのに苦労」と、占拠した米軍にいわれ、あわただしく建設にかかった道路工事には建設機械（主に米国製ないしはその国内製造品）が必須であったことが発端と思われる。河川事業での作業船舶は忘れられていた？時代。

その際、全国的に影響する課題については、「本省」に紹介して見解を求める必要があり、そればかりではないが、霞が関に行くことも多々あった。

本局に来るまで、ほとんどを現場の事務所で過ごした小生にとって、本来の公務員として必要な行政という面では無知で不安であった。しかし、さすがに本局の上司はその方面には明るく姿勢もおおらかで過ごしやすい職場であった。さらに技術的な仕事の中身より、本省の接触などで国家機関のあり方（成り立ち）を会得する絶好な機会となった。これが民間に転職後大いに役立った。また、実務においても5年間を大過なく努めることができ、幸運であった。

さらにこの時代の日本は、経済成長が著しく世界的にみても日本を敵視する国はなく、悪い意味では本当の平和ボケの時代で、個人としても仕事人生において最も幸せな期間であったかもしれない。

前後になるが、本局での仕事としては小さなことながら、小生の足跡として記すことにする。

機械職の在籍しない「霞ヶ浦工事事務所」から「前川水門」※37の新設に伴う鋼製扉体の設計を本局に依頼され、小生が担当することになった。小生がいなければ本局では受けなかったかもしれない。本局内で製図版を用い本格的に設計図を描くのはたぶん何十年ぶり

※37 「前川水門」は霞ヶ浦の周辺堤防の完成に合わせ、潮来（いたこ）町の「あやめ園」末端に造られた水門で、扉体を上下2枚にし、開門時通常は、2枚が重なり堤防上からあやめ園を遮らないように依頼され、設計した。さらに塗色は潮来の風景を考慮し（課長の発案）佐原市在住の柴田画伯（後に日展審査員）に依頼し薄緑色とした。現存するので潮来にお出かけの際は、ご覧いただきたい。蛇足だが、あるときカラオケのバック画面にこの水門の遠景が使われていて驚いた。

のことかと思う。本来、事務所から上がった図面などを審査する場所なのであるから。そのような来客なども多い雑踏な環境で図面など描ける気になれず、図面は休日出勤をフルに使って仕上げた記憶がある。なお水門の施工は「K重工業」である。

3. 滝沢・浦山ダム工事事務所

充実した（家族はどうであったかは別）東京在籍5年後の昭和50（1975）年4月に、埼玉県秩父市にあった標記事務所に「機電係長」をいただき転勤した。住まいは秩父市大畑町で前宿舎より立派な一戸建てで、この点はホッとした。この地は山深くにあるものの古くから歴史的に知られた街である。反面、小生高卒の就職試験を受け落とされた秩父セメントの地でもあり因縁めいたものを感じた。そのよくない因縁の続きのように、当該2ダム事業は地元の同意が得られず事業は遅々として進まずの状況にあって、この地での仕事はダム予定サイトでの道路測量を伴う下草刈りなど土木職の手伝い程度の情けないもので、いってみれば何も残せず、山の神（山の恵みをもたらす神を崇める催し）と称し、毎月一度、15日の飲み会などで、むなしく経過した。そして1年経過後、この事業が国の直轄事業から水資源開発公団[※38]に移管が決まり、次の地に転勤を余儀なくされた。初めての係長、好きなダムの仕事と張り切って乗り込んだが、ただ空虚な転勤地となった。

※38　水資源開発公団（現・水資源機構）は、戦後の国土復旧に伴い不足した農業・工業に欠かせない水の供給（利水）施策に当たって、ダムや水路などの建設費や管理費を国費だけではなく、応分の額を水の利用者（団体）から使用料を徴収する方式として建設・農林両省所管で設立された。小生が就職した数年後に発足している。

余談として、東京都稲城市から埼玉県秩父市大畑町への引っ越しに際し、近道と思い選定したルート（299号）が名うての山越えつづら道路だったことを知らず、途中、長男が気分を悪くして、泣きはしなかったが不平を漏らしたのが、親が初めて子に叱られた感で、今でも忘れられない。その長男がこの地で小学校、長女が幼稚園に転入した。それがまた、1年で次の地へ転校を余儀なくさせてしまった。

ずっと後のこと、同ダム事業は先行となった「浦山ダム」が荒川の支川の浦山川に、「滝沢ダム」が支川の中津川に、何と小生が同地を転出して35年後の平成23（2011）年に完成をみている。両ダム竣工後、頻繁に関係者の記念行事などの案内をいただいているが、国事業継続のためにのみ在籍し、事業に従事した感のない1年の地、とても出席する気持ちにはなれなかった。

4. 八ッ場（やんば）ダム工事事務所

この事務所は、群馬県渋川市にあったが、小生が務めたのは建設現場所在地の吾妻郡長野原町大字与喜屋（よきや）にあった（事務所並みの広さの）分室である。居住官舎は渋川市金井国町（かないこくまち）であったので渋川から毎日、マイクロバスで1時間弱の通勤をした。

ただ、このダム※39も全く着工の目途はなく、小生、機電係長の

※39　八ッ場ダムは、小生が薗原ダムの現場にいた時点（1960年代）にはすでに建設が話題になっていた。その建設地点は群馬県でも長野県に近い吾妻郡の地で、金銭面や村の人事の複雑さから国と折り合いがつかず、小生がこの事務所を転出してから25年ほど後にようやく地元と全面合意し周辺整備（移転地造成や道路）が進み出した。しかしその矢先、今から15年ほど前に自民党から民主党に政権が変わったときに建設中止（中断）と

仕事も自動車の買い替え程度で、前の秩父の状況と同じていたらくであった。そして幸か不幸か、なんと１年半で次の転勤を迎えることとなった。幸といえば、「局の機械課長から組織として必要な人事で、福田を関東技術事務所に転勤させてほしい」と依頼があったと、所長から聞かされたこと。不幸といっては叱られるが、この時期、ひょんなことから宿舎近くの4、50代のお母さんたちが立ち上げた「ママさんバレー」の初代監督になっていて、私的にはもう少し渋川に居たかった。

それらはさておき、この群馬県渋川市に転居とともに長女が小学校に入学、次男が幼稚園に入園していて、転勤の話が10月であったことから、子供たちは先の１年からまたも１年少々での転校はかんばしくないと考え、次の春［昭和53（1978）年４月］まで、小生が単身赴任（千葉県船橋市の独身寮）することとした。

5. 関東技術事務所

この事務所は千葉県松戸市初富飛地の常盤平団地に隣接して（団地造成に伴い東京都江東区亀戸から昭和40年ころに移転[※40]）一辺が

なった。民主党のふがいなさから2013年春に自民党に政権が戻り、翌年事業が再開し、2015年には本体建設工事が着工され2022年には完成した。余談中の余談として、民主党は、しかるべき工学・経済効果を根拠に基づき実施のダム建設を箱物と称し中断させ、さらに高速道路を「タダにする」といった。が、その道路維持・修繕費をどう考えていたのか、結局これらのことが、その後のこの党の復活を難しくした。

※40　この時期、我が国は戦後復興から高度成長の時代となり、国策として都心の工場敷地は高層住宅や商業施設に転換が求められ、多くの工場が地方に移転した。

200mほどの矩形の広さをもち、その仕事は関東地方を管轄する土木技術に関する調査研究機関である。前身は建設機械の整備工場※41。小生は、この事務所の付属の船橋工作出張所※42（船橋市東船橋5丁目）の工作係長で赴任し、最後の1年を設計係長として務めた。請われて？この地に赴任し、それに見合う充実の仕事も少なくはなかったが、前の佐原工作出張所と同様、それなりに立派な仕事をする工場の職工（公務員）さんを、いかに生きがいを感じさせられるかに気を使わなければならない勤務地でもあった。

この船橋には官舎がなく、先の渋川市から6か月後に家族が越すこととした地は、松戸市初富飛地の団地形式の官舎であった。この地で次男が常盤平第一小学校に入学し、3人の子供がすべて小学生となった。一方、船橋の単身から松戸に越してきた家族と通常な生活に戻った小生は、船橋までほぼ3年間、新京成電鉄※43を利用

※41　T事務所でふれたが、小生幼年の1945年に太平洋戦争で敗北した我が国は、その戦争での飛行機、艦船のみに技術・材料を費やし、終戦時には、例えばブルドーザーも未完の貧弱な国で、戦後復興に必要な建設機械のほとんどを米国に依存（払い下げを受けるか購入）した。従って、これら機械の修理整備工場は民間にはなく、国で工場・職工を持ち運営していた。小生在職時には民間が体制を整え、当該制度の変革期にあった。

※42　この出張所は、さかのぼる明治時代、洪水対策と当時重要な船運を目的として計画された、利根川から東京湾への水路を開削（試掘跡が県立船橋高校の野球グラウンドに現存）するのに必要な機械類の製作・修理の工場として計画されたが、その計画は幻に終わり、地面は国有地として残り、そこに戦後、亀戸のそれと並ぶ規模の工場とし発足した、と聞く。

※43　新京成電鉄線は、住民の利便性や地域開発が目的でなく、先の戦争の、きっかけとなった満州事変以降の中国や東南アジアなどの進出先での鉄道敷設の試験線として敷設されたとのことで、半径の小さな急カーブの多い路線である。ちなみに五香駅から京成津田沼駅間は直線では15km、路線長は20km程度と長い。

し、五香駅から京成津田沼駅まで作業服で通勤した。

民間企業への転職とその動機

国出先機関に就職して 21 年、国家公務員から民間へ転職することとした。その動機は、もともと先にふれた小生の不備から希望をもって公務員となったのではないので、むしろ小生の気質には合わないとする気持ちを持っていたこと、さらに計画の進まないダム事務所などを転々とし、子供たちのためにも定住がよいのではと考え始めていた。そのような折り、小生（設計係長）の提案について、上司の出張所所長から「お前には、そのようなこといえる立場にはない…」と、思いもよらない暴言を受け、機械職にありながらその技術は古参のままで、人としても前向きな心を持たない、公務員の特権のみにこだわる人間と付き合うのはごめんだと思っていた。

なんとその矢先、すでに民間の建設コンサルタント会社に勤めていたかつての薗原ダムでの上司から「ダムに関する仕事で人手が欲しいので来ないか」との誘いがあり、迷うことなく民間行きを決めた。タイミング的に神が導いてくれたような、さらには妻も公務員を辞めることに反対しなかった。今でも感謝する幸運なできごとであったと思う。

八千代エンジニヤリング株式会社（通称 yec）※44 に転職

このとき、転職とともに定住の地として佐倉市臼井に建売住宅を購入した。転職した会社の地は東京都目黒区中目黒、通勤時間が 2 時間とキツかったが、まだ若かったのでよかった。

さて、民間に転職して、まず小生の仕事における実力の乏しさを痛感することとなった。それまでの公務員と民間での設計には、技術的に違いがないが、求められる濃密さが異なった。公務員の場合には自分の実力の範囲で行うことが可能だが、コンサルタント業では、お客のニーズに合わせ、いかなる問や要望にも関連法令・基準書に照らしての計画の妥当性・技術計算の正当性を報告書及び図面で的確な返答を示すことが求められる。

入社の前提として求められたダムや水門（ゲート）のことに関しては一通りのことはわかっていたが、それは妄想で、すべて一からの出直しが必要であった。それらのプレッシャーから入社３年までの一時期、多分「福田は少し気がおかしいのでは」と思われたのではないか。そのような行動をとった、はなはだ危ない記憶もある。が、大きな流れで救われたのは、これも幸運につきるが、入社から数年は、後に経験することとなる仕事量ほどでなく、「どうすれば仕事がうまくいくか」を、自分の時間で考えることができ、どうにか会社に迷惑をかけずに通過できたことである。

何とか、社の仕事である県、国の出先機関からの受注案件を自分

※44　yec（八千代エンジニヤリングカンパニーの頭文字をとったロゴマーク）は、土木建設の各種調査、それを基に的確な計画・設計業務を、主に地方を含む諸官公庁から請け負う、業界では優秀な技術者集団の会社である。先の大戦後、社会基盤事業（インフラストラクチャー）が目白おしになる1960年前半に鹿島建設（株）が子会社として同社の石川六郎（後の経団連会長）が設立した。未公開だが日立製作所、日本製鉄など10社程の一流企業が株主となっている。小生在籍中は総社員約700余人（高卒は小生含め４名ほど）受注額（売上）200億円を目標に、10％近い配当を実施していた。中目黒駅から約150mの本社では「一年中、照明が消えたことがない」と付近のうわさが立ったのは事実である。2004年ころに新宿区下落合に、2015年に台東区浅草橋に移転している。

のペースでこなすことができるには10年を要した。学卒の新入社員であれば10年で一人前になれば上出来と思うが、小生の場合は、一応プロの鞍替えであったことをふり返ると、今でも怖さが残っている。自分なりの努力が少しずつ実を結んだ10年過ぎころから運よく、日本のダム建設の最盛期に入り、それから定年退職まで猛烈に忙しく、よく体が持ったと思うほどだ。平均睡眠時間5時間あったかどうか、2日に1回は帰宅せず会社の床で寝ていた。なんとか励み、内容の濃い仕事をこなすことができた。

55歳ごろからはさすがにばてて、また仕事に自信がついた分、逆に客先の理不尽ないいぶんに腹立たしくなったりして、挫折もしかけた。いうのはおこがましいが、ダム建設の機械屋としては、オールジャパンで数人の一人と、高卒の一人よがりであるが、自負するまでになった。

「会社の床で寝」について少々ふれる。レポートが主の仕事が行き詰まったときは迷わず寝、夢の状態で行き詰まりが、ぱっとひらめき、飛び起きて続きのレポートに取り組む。また、行き詰まったまま早朝、8時前の都内の空虚な街を散歩、気分転換し、頭を冷やし、体のリフレッシュにあてるなどもできた。早朝の中目黒の裏通りを散歩すると、まだ古い時代の東京郊外の趣の家屋などの残るやぼくさいが親しみのある街をみることもできた。

さらに関連して、忙しくていくらでも欲しい1日の時間での片道2時間を要した通勤時間についていえば、決して無駄の時間ではなかった。すなわち比較的すいているときは新聞を、込んだときは立ったままでまわりの人々にもたれての睡眠（スリに一度札を取られたこともあったが、この芸は10年を要す）、あるいは頭でのレポート書き（メモ）に、座ることができればゆったりと睡眠と、経験のない人には想像できないであろうが、まことに有効な時間であったのである。苦しんでのひらめきは、机上でなく睡眠中の夢や車内などの場合が多いのであった。間違いなく寿命は短く縮むであろうが。

ここで、yecでの仕事について、すこし具体的にふれておく。

入社ほどなく、沖縄県初のダム「安波（あは）ダム」の建設が始まり、これも国内初のタワークレーン[※45]をコンクリートのバケット空中運搬・打ち込みに採用したことで、このクレーンでの稼働実績を綿密に調査する仕事を“（財）ダム技術センター”から我が社が受け、約2年の間につごう十数回、関連仕事含め出張の機会を得た。調査は1回に2～5日を要し、夏季は夜間工事[※46]の調査であったことから、小生たちが宿を夕刻に出て朝帰りするので、宿の女将に怪しまれたこともあった。この宿は、国頭村（くにがみそん）のたった一軒の宿「民宿阿波」で、今も営業している？。再訪してみたいが…やはり遠い。さらに余談で、この時期の那覇空港には免税店（戦後約40年、米国占領下の名残り）があり、出張帰りごとにスコッチウイスキーやタバコを購入し、持ち帰って土産にしたりした。沖縄は、我が国で唯一風情の異なる地で、思い出の地となった。沖縄以外にも多くの地に500回以上1000回ちかく出張したが、本土はすべて同風景のこ

※45　タワークレーンは近年、高層マンションの建設現場で多くみられた、四角または円柱の上部にアーム付き旋回体を取り付け、荷の上げ下げを行うクレーンである。ダム用は街のものより数倍の重さを釣る能力がある。

※46　コンクリートは固まる際に大量の熱を発生し、冷める際に温度差により収縮する。一度に大量のコンクリートを打ち込むダムでは、この収縮が多くの障害を引き起こす。このためコンクリートダムでは、外気温が高い昼をさけ、低い夜間に打ち込みを行う。

とからふれない。

本筋に戻り、若く優秀なＨ君がまとめた我々が実施した調査のレポートは、その後のダム施工のバイブルの一つとして採用されている。

次に、我が国の民間人として唯一経験できた、建設省の「ラジアルゲート設計指針（案）」のことにふれてみる。ラジアルゲートは、生半可な気持ちで設計製作して座屈（ざくつ）破壊の事例があるほど（詳細は省くが、ゲートの中で座屈するのはこのゲートのみ）シンプルながら精緻な設計が求められる。小生の従事した「薗原ダム」にも設置されているが、今は造られず、21 世紀後半に存在すれば世界遺産的な代物になろう。

昭和 40（1965）年当時まで、ゲート設計の指針はメーカーが共同で設立した機関で作られていた。これに対し、あるダム（今、名前忘れ）の設計水圧における重大な損壊事故を受け、建設省のダム技術土木部門から、当該ゲート特有の支持部と本体扉の設計体系に疑問があるとの見解から、設計体系を一から見直し、検討・整理することになり、当社（元建設省 OB の力）がその作業に当たる機会を得、小生が実務担当の機会を得た。この検討作業は、建設本省（霞が関）、同土木研究所及び大学教授（建設省 OB）のエリートたちが出席する委員会なるものを数回開催し、考え方の妥当性を審議した。その席での返答は、建設省外郭団体（業務の元請）の担当者が当たるが、実務を担う小生には補足回答の必要もあり、高卒の頭では相当なプレッシャーであった。もちろん、案の作成には国内メーカーの技師長クラスや社内大卒者に援助を受け、準備は周到に行った。

そのほか、同様な委員会方式で、長島ダム、寒河江ダムで、我が国初形式のゲート適用に関する検討の機会も得た。いみじくも、それら委員会に参画したエリート技術者によってダムの洪水処理方式が根本から見直され、現在のダムには鋼構造のゲートは原則使われないものとなっている。

このように肩の張る仕事も多々あったが、次に移る。

何といってもやりがいがあったのは、最初の現場薗原ダムで経験したコンクリートダム建設に伴い必要な機械設備に関する仕事であった。詳細にふれると長くなるので端折るが、骨材※47の製造プラントやコンクリート関連設備※48の基本設計の仕事である。この設計には一つのダムで5年前後を要する。手がけた主要なダムを南から挙げると、中筋川ダム（建設省・高知県)、千屋ダム（岡山県の国補助ダム)、宮ヶ瀬ダム（建設省・神奈川県。コンクリート製造関連設備設計は含まず)、奥胎内川ダム（新潟県の国補助ダム）など、いずれ

※47　ダムに用いるコンクリート用の砂利・砂（「骨材」という）は、周辺の山の岩を綿密に調査、試掘などをし、必要な強度・耐久性（風雨に耐える）に優れる岩石から造られる。ただし、薗原ダムの骨材は唯一（？）河床堆積物（石・砂利）であった。

※48　ダムなどの大型コンクリート構造物のコンクリートは、ひび割れや劣化及び基礎岩盤とのなじみなどを考え、区画割りや施工順序が厳しく決められ、それらとダムサイトの地形の整合性などから適切な設備（ミキサー、クレーン、ベルトコンベヤなど多岐）を、経済性や施工性を追求し数年をかけて計画する。ただし、1990年中ごろからコンクリートダムは、1リフトの平面を型枠で仕切り数ブロックを連続でコンクリート打設し、直後に重機の刃によって「ブロック割（わり）」を行う「拡張レアー工法」、さらにその後、セメント使用量を極限まで少なくし自然凝縮に頼らず、転圧ローラで押し固めるRCD工法なる新工法が主流となり、施工計画及び施工も大きく改良・容易なものとなって現在に至っている。最近では、まだ固まらないコンクリート敷設・転圧を自動運転による無人化で施工する画期的な現場が報告されるまでに至っている。

も比較的大型のダムである。これらで手掛け設置された機械・構造物の一切は、ダム建設終了に伴い綺麗に撤去され、敷地のほとんどが公園などになっているのである。

何度もふれるが、多忙極めたyecでの仕事は、改めてよく心身が持ちこたえたと思う。その持ちこたえた要因には、ほぼ週一度あった出張の列車や飛行機での睡眠と缶ビール、ワンカップが最高の休息になっていたことである。ただそれは、深夜の乗り越しをまねき、多くの時間やお金を無駄にした負の側面（今思うと、そうばかりといえない面もあった）があったのも事実である。

次にインドネシア関連にふれる。

本職の実績と忠実を認めてくれたからだと思うが、海外業務としてインドネシア［ジャワ島東部ガルングン火山の砂防（スラバヤ地先)、同ムラピ火山[※49]の砂防（ジョクジャカルタ)、アンボン島（アンボンの都市河川改修計画)］[※50]に、最長１か月であるが５回ほど出張をした。インドネシアは英語が半ば公式語なことから、我々が接す

※49　この火山は十数年ごとに大爆発を起こす、世界的に名の知れた火山。雪をかぶることはないが、富士山と同形の美しい姿をしている。

※50　アンボン島は、インドネシアの東端パプアニューギニア西隣りセラム島のすぐ南にある淡路島ほどの小さな島である。この島は良好な湾を有することから、先の争時に日本軍が駐留し、当時同国を支配していたオーストラリア軍を撤退させた経緯がある。さらに、日本人が真珠の養殖を教えたらしく、日本人が生活していたと聞いた。そのせいか、島民は小生らに好意的であった。我々の仕事は、国際協力機構（JICA）から受注して、山からすぐの海岸にへばりつく市街を、頻発する河川氾濫の水害から守るべく、ダムを含む河川総合改修計画の策定に当たった。しかし、その計画の実行総額が日本円で100億円（現地通貨レートは約100倍）と高額であったこと、また、その３年後に島内でイスラム対カトリックの住民戦闘で多数の死者がでる事件が発生したことなどで、提案の計画は実施されていない。

る者はすべて英語に堪能なこと、運転手でも就職難のため大学卒であったりし、英語を話せない小生は肩身の狭い思いをした地でもあった。

さらに余談になるが、インドネシアという国について、数度の滞在から小生なりにふれてみる。

同国は太平洋戦争（1941 ～ 1945 年）時に日本軍が進行し駐留した。思うに、同国への駐留は、石油産地のスマトラ島の場合を除き、それ以前に中国で行ったような侵略行為ではなかった。インドネシアに進行した時点では、同国に本国から移住させる農民や兵隊[※51]となる男性はすでに本国にいないことから、もっぱら南方の戦争に必要な食糧（米）を確保の地としようとし、住民と友好的に接したと思われる。最初の出張時に図らずも訪れた田舎の老人が「稲作の種まきから方式から田植え方式を教えたくれた」また、「教わった」と日本の歌を口ずさむほど親日的だった。ほかの地でもおおむね同様であったことからも、侵略的でなかったことがうかがわれた。また、2 度訪れる機会を得た日本の京都といわれているジョクジャカルタ、小生はどちらかといえば奈良の町を、2 度目にくまなく歩いてみたところ、日本の指導によると思える工場や線路跡、また菊の紋章に似た金属製の飾りを付けた邸宅の門扉など、多々日本の影響を感じさせる風景がみられた。それがためばかりでなく、同国の9 割（？）は親日的で、かつ正直な人々に感じた。しかし、それでないと生活費が苦しいためか、昭和 61（1986）年の出張で同国空港の警備を含む税関など職員の組織から小生は現金を巻き上げられた。

※ 51　太平洋戦争での我が国の兵士のみで戦死者は 240 万人といわれている。悲惨あるのみ。

退職後の2010年の2回[※52]も。この国では個人の悪は即私刑と、最初の出張時に聞いたし、実感した。

そもそもインドネシアは、（想像ながら）イスラム教のどこかの国に接収され、日本の江戸時代はオランダ、明治時代ころにはオーストラリア、太平洋戦争中は日本、というように永年にわたり植民地的な国であった。その背景には、「力のある者には逆らわず生きる方が楽」を、会得した国民であるかのように思える。何といってもこの国民は最終食糧にこと欠かないのである。日本人は生きるに必要不可欠な食料は生産しなければ手に入らないが、インドネシアではバナナほかの自生の果物やタロイモなどが豊富で、働かなくても餓死はない、絶対的な強みがある。従って、支配者に搾取されても、暴動を起こしてまで逆らわなくてもよい環境にあるといえよう。

※52　2回目は高度な仕掛けと確信、入国審査時にｙｅｃ職員から英語のできない小生に、インドネシア入国から出国までの工程をメモ書きでもらい、それを提示した。その際、審査員は（後で思うと不思議な笑みを浮かべ）スムースに審査終了の印を押しパスポートを返却してくれた。実は、このときにパスポートを確認しなかったのが小生らしいミスで、3か月後の出国審査ゲート、単にJALが委託している航空のインドネシア職員から、「お前は出国期限が過ぎている、このままでは出国できない。会社に相談して翌日出なおしなさい」と、日本語でいわれた。このときの時間は現地20時過ぎ、小生の予定便が23時なので、会社に連絡の手段、まして、ホテルの予約などの方法もわからない。何としても予定便で帰らなければ…どうしたものかと思案していると、日本人のサポート役と称する名刺を持ったインドネシア人が「お金（日本円で20万円）を払えば出国させてやる」という。手持ちがないというと「ATMがある」という。空港職員とその通称、サポーターのやり取りで信用できると確信、ATM（1回の操作で2万円）で16万円を引きだした時点で「それでよい…」とサポーターがいうので、一緒にゲートに行くと、何ともなく通してくれた。ホッとしたのと同時にインドネシアの好印象がとっさに消えたのは残念。このときに入港審査係官のあの「笑み」が恨めしく脳裏を埋めたのであった。

関連して、同国には恐ろしさを感じる目の鋭い人物がいる。ホテルなどで身近な経験もあるが、初代スカルノ前のユドヨノ大統領など、これについて京都大学東南アジア研究准教授の岡本正明氏が、現状でも社会をよい意味で支配する「ジャワラ」（言っていたと思う）と呼ばれるそのみちの、やくざ的存在がある。と、いっている。小生も思うが、現地での路上屋台の配置などの差配は、役人は税金を要するから多くを配置できないため、治安を制御するには、そのような存在が社会安定の重要な存在となり得るのである。我が国において「清水の次郎長」が、江戸幕府が治められない東海道の治安に相当な働きがあったのと同じである。裏の存在でも正義を心情とすれば生半可な政府よりマシなのである。また、同国はイスラム教徒が7割といわれているが、中東から伝わるような厳格さがないように思う。いかにもインドネシアらしい、おおらかさがある。

いずれにしても、資源国のインドネシアは、小生が辺鄙なところと感じる地域においても、立派な河川改修を進めようとする背景（住民の安全）を考えると、この国が心豊な平和国家になってほしいと切に思う。根はよい国なのである。

八千代エンジニヤリング退職と顛末

60歳（2000年）の誕生日をもって社の退職辞令を受け取った。ただ、社からは小生を委託職員として営業の仕事、さらに外注の仕事をいただき約9年を仕事人として過ごす幸運を得た。その外注の仕事には、国内大手鉄鋼会社（K）がパキスタン（と記憶）向けに製作する多連水門の製作管理技術者として、1か月強の台湾西岸中央鹿港（るーかん）（Kの下請け民間工場）への出張及びインドネシアで頻繁に活発な噴火を繰り返す有名なメラピ火山噴出砂礫のコンクリート骨材他に有効利用する砕石プラントの設計業務に３か月ほど滞在したジョクジャカルタ出張などが深く思い出に残っている。

出会ったよき人たち

①その人の名はＳ徳太郎（当時50歳ほど）、最初の勤め先「薗原ダム」の所長であった。骨格が太く顔が大きくいかついがいつも穏やかで、やや猫背のおじさんという感じの人であった。この人は、かなり広い所長室に一人いるのが嫌なのか、よく我々技術屋の部屋に来て、仕事中の平職員に話しかける。部屋の上司がいるので仕事に関係のない内容だが。

あるとき入所後１年、まだ高校生気分の小生に「なにをしているのか」、小生「うんぬん…」、すると、そのときの所長の真意を推測して述べると「アメリカに行ったとき、電子計算機を見学した。それは50畳ほどの広さで、真空管を使っているからで、これからは真空管に代り半導体の時代になり、かなり小さくなるよ」と、いわれた。ときに電子計算機のことさえ知らず、まして半導体の意味は全くわからない小生はボケっとしていた。それに対して「だからどうこう」といわず立ち去った。

非凡な人と「ぼんくら」の対話はないのであった。なんと数十年後に電子計算機はコンピューターのことをいっていた、とわかった。この時点でも半導体の意味はおぼろげだったが。まだ手回し式のタイガー計算機（ソロバンよりすごく便利と思った）の時代、さらにいえば、あの時点で半導体とは…と、自習するようであれば…それがないぼんくらであった。

下って、利根川下流に転勤して知ったことだが、当時どこの所長も東大か京大卒の秀才[※53]であったが、平職員に話しかけるのは氏（東大卒、戦前の中国でダム建設に従事、アメリカ留学）その人だけで、しかもこの人は、建設省のトップである事務次官をけってダム現場の所長にとどまり、まだ未熟であった我が国のダム技術者たちの指導を心がけていたのである。現場重視は当時東大土木の理念であったと、ずっと後に『街道をゆく』で知る。それから15年ほど後のこと、ある官庁（東京）の廊下でばったり出会った際に「福田」と声をかけてくれたのには驚いた。当時の平職員前後も含めれば数千人の名前を忘れない、紛れもない秀才ということであろう。

②その人の名は、上野なにがし、当時30歳ほどで「薗原ダム建設を請け負ったS建設（株）の実質現場責任者で、早稲田大学大学院から入社後アメリカ留学したと聞いた。なぜここに記すかというと、ダム建設が本格化して間もないころ、氏いわく「福田さん、あなたはなぜ歩いて現場（まで10分ほど）に行くのですか」と話しかけられた。その意味は「あなたほどの人は、ほとんど待機状態のジープがあるのだから、車を使い、それによる空き時間を仕事（勉強）に有効に使ったらどうですか」と、いったのであったと思う。車を使うような身分でない小生は戸惑ったが、この助言でその後の小生は、よい心構えを与えてくれたと、折にふれ思い出すのであった。

※53　当時の高級官僚は「国家公務員上級職試験」国立大学（私学はまれ）を経て、合格順位が知られるなかで各省庁に配属され、将来の地位もその時点で決まる、と聞いたし、実感でもある。

氏は、ほぼ30年後、S建設の副社長となり次期社長候補であったと思うが、ときの世の「ちまつり」にあげられた。それは、大手ゼネコンの談合問題で、「仕切り役」の嫌疑により起訴され、有罪となり一線から身を引く不幸にあわれた。根はよい人と思うゆえ…しのばれる。

③その人の名は、当時50歳中ほどのK陽三（ようぞう）氏、先の二氏と異なり学歴は定かでない。佐原の人で、佐原工作出張所の一班長としての付き合いである。その生きざまを氏との断片的な会話から記してみる。氏は、先の戦争に若くして従軍し、南太平洋西方の島（この方面だけで100万人戦死）で、最後の数名からわずか一人捕虜※54となり、終戦後ハワイ島から帰国できた。帰国してみると自分の墓があったそうである。

生き抜いたこの人は、ことが生じた時点では“静を保ちじっと考えている”そして考えがまとまると、“動”に転じ、うまくことを解決する。いわゆる“風林火山”の居で、戦地で“生きる”から備わったものと思える。小生はこの生き方を習って、突発事項（氏の経験には足元に及ばないが）では、けっして行動を先行せず、まず“考える”を少なからず実行しているつもりである。唐突ながら関ヶ原の戦で、家康の仕掛けにはまり大垣城を飛び出し敗れた石田三成が思われる。

※54 「投降」について氏の言を記す。当時の日本軍人は捕虜にならないよう強くいい聞かされ、氏の同僚はこの教えを遵守し、ために　　向かった。しかし森に潜む氏は、米連合軍が飛行機で定期的に繰り返す投降への呼びかけ、米軍は突如襲うことをせず、氏らの説得に来たことを信じ、死を覚悟で投降した。結果、好待遇を受けたとのことである。

④その人の名は、U亮栄（りょうえい）氏（当時40歳前か）、小生が大手町に転勤になったときの機械課長である。氏は当時、上級職では少ない私立大学（たしか日大）の機械工学科を首席で卒業し授業料免除され国家公務員上級試験に合格をした、と聞いている。そのとおり切れる人で、温厚ながら奥深さもあった。平日の終業後、善し悪しは別として、室内でちょくちょく宴席を強いて、良い意味でお付き合いさせられた。

今から思うと不思議だが、室内での飲食は常識の世界であった。また正月の仕事始め、通常4日の10時に長の挨拶、乾杯後には退庁、その後、世田谷にあって上級職のみ入居できる集合住宅型官舎に数名でお邪魔し、奥様のもてなし、長男のピアノ、長女のビオラの演奏を聞かせていただいたり、夏には同家族を含む職場の若手で、富士五湖キャンプを楽しんだりもした。ここでは遊びばかり記したが、公務員在籍中最も充実した気持ちで仕事もできたのは、この人の「大きさ」にあったと感謝している。

この項の最初に記したS徳太郎氏と同様に部下をうまくコントロールできる人は、並の公務員にほとんどいない。公務員の場合は、民間の場合のように部下をいたわったり、逆に叱責する必要がない。火中の栗を拾うは余計なことだからである。

⑤その人の名は、小生と同年のN喜夫氏、小生が民間のyecに入社後2年過ぎに、リビア出張から帰り、直属の部長になった土木職である。氏は、都立大学から鹿島建設に入社したが、同時期に鹿島建設社長の石川六郎氏が立ち上げたyecに配属となった経歴の持ち主である。現場マンより設計に向くと判断されたようで、そのことからもわかる秀才であった。反面、さすがに公務員と違い、す

べてに妥協を許さない厳しい人でもあった。

が、要所で小生を盛り立ててくれた。小生が社で数少ない機械屋のせいもあると思うが、機械担当としてインドネシア派遣も氏の意向で行われていた。また、小生定年2年前に、建設省出先機関のお客様の理不尽な要求に嫌気をさすなどで、心身ともに疲れ、退社の意向を伝えた際に慰留してもいただいた。もし慰留なく退社が認められていれば、今、助かっている年金は相当減額になっていたと思う。そのときは、そのような後のことは思いはしなかったが。

氏は小生退社後に社長に就任、会長から顧問と70歳まで現役同様に活躍した。

⑥その人の名は、当時30歳ほどのT彰氏、最初の職場薗原ダム工事事務所の機械係長である。新人の小生らに「機械設計の本質」を学生に教えるように教授してくれたほか、新婚の氏のお宅に招かれ、奥さまの手料理でお酒をご馳走になったりした。何よりも小生が公務員に嫌気をさしていた折に、民間に誘ってくれた恩人で、頭の良さは東大に入学できると感じた。

本来ならば、年代順にも最初に挙げなければならない人なのだが、氏は意にそぐわないこととなると、手の平を返すように手を貸さない（助けない）徳のないところがあり、しばしば泣かされた。そのため6人目とした。記してはいけないことであるが、裕福ながら複雑な家庭で育ったことをにおわした記憶がある。

⑦yecには、N氏以外にも多くのよき人がいた。特に小生より二回りほど若手のH清氏、N氏（名前忘れ）の両氏は、大学卒の機械職、電気職として、小生の能力不足、先にふれたゲートのことほか、また、精神的にも小生を大いにバックアップしてくれた。なかでも、

H氏とコンビを組まなければ、過激な忙しさを通過できず、機械部門も存立しなかったかもしれない。その証として後に、H氏は初代機電部長におさまり、副社長にまで昇格している。

話が前後するが、ほぼ10年同席していたのにおくびにも出さなかった英会話、何らかの目的でイラク人（だったと記憶）が当社を訪れた際、H氏が流ちょうな英会話で来客をもてなしたのに驚いた。実のところyecは海外業務も多いのに機械部門は当時海外はほぼ皆無であった。が、H氏の英会話力が副社長昇格の最大要因なのであろう。一方、N氏は、出会ってから15年ほどの時期、大手電機メーカーに転職後、40歳過ぎに妻子を残し急死してしまった…残念。

⑧これまでの方々のほかに、名や内容を省き失礼するが、日本を代表する大手「重工」「電機」「ゼネコン」などの10人ほどの方々に、誠意を持ってお付き合いいただき、小生転覆の危機の復元力になってくれた…感謝。

⑨おっと、忘れてはならない人たちがいた。「職人（しょくにん）」、主に親方である。かなわないまでも見習いたい仕事の姿勢、プロ意識をこの人たちから学んだ。かれらは仕事が命がけなので、「よく考え・手抜きせず・摂生を怠らない」生きざまの素晴らしい人たちである。我が国がいずれの分野でも世界に優れる基は、この人たち、それぞれの専門分野に居る方のおかげであり、先の6人のような優秀な人が何人いても立国は立ち行かないであろう。技術者が工学的な安全性と手順（それも職人ありき）を、職人が磨かれた腕を存分にふるう、両者共有の思想の基に作業を行うことで、プロジェクトは完結する。

ちょっと異な、優秀と異なることにふれる。最初のダム現場で、ケーブルクレーンを組み立てていた高所作業を得意とする鳶（とび）職人が、「福田さん、私らはこの現場でいただく金は50万円（一月約10万円）だよ」と、当時小生の給料の20倍である。小生のその場で思った自画自賛…「日本は職人を優遇する、これなら暴動など起きない豊かな国になる」と、現在までの日本には当たっている。

⑩人ではなく物。それは、小生50歳ころ大卒新社員が使い始めたパーソナルコンピューター（PC）である。その時期、PCは高度解析を担う特別認めた社員のみに購入の数台しかなく、小生のようなロートルはそれを使えるはずもなく、で、思い切って大枚をはたき購入した。その使い方はマニュアルでなく、使いこなしていた若手社員に聞き、覚えられたのが幸運。PCが開発されたことにより小生最盛期の仕事量でのエクセルによる関数や表計算、表作成の高速化、またワードでの手書き文作成の省力化などで作業が格段にスムーズになり沈没せずに済んだ。客先へ提出する設計計算を含む報告書の作成にどれほど助かったか計り知れない。ここでもありがたいことに幸運に恵まれたのである。

みえた官僚の一面――後の政権の関りをとおして

戦後ほとんど絶えることのなかった自由党系の政権が、紆余曲折、政治家も国民も何やら右往左往、小生など今でもどうしてそうなるのか覚えがないが、平成21（2009）年9月、悲願の、と小生は思った民主党政権に変わった。しかし、ほぼ3年で民主党の幼稚さが露呈し、とん挫してしまった。そのとん挫の理由について、幾分かの関りで官僚の世界を垣間みた小生の思いから、手短に指摘してみる。

思うに、民主党政権発足時の同党議員のほとんどが、官僚を敵にまわしてしまったから、と確信している。すなわち世間知らずの若手議員の「舞い上がり」と、政権をとれないと思っての元自民党の大物O氏の「煽り」の喜劇性にあった。小生にいわせれば、若い国会議員はいくら頭がよくても、しょせん理想だけのアマチュアである。一方、官僚はその道のプロ中のプロである。したがって、戦後ほぼ一貫して政権にあった自由党系の政治家（政党）は、官僚（ほとんどこちらが主体）と二輪で国家運営に当たってきた。国会での質問に答える閣僚は、ほとんど当該省庁の官僚が作成したものを読み答弁としている…これでよいのではないか。

ところが、ときの民主党員は、官僚が自由党系政権を手玉に取っていたから国が傾いた、と決めつけ、もって官僚に代わって、自分たちが前面に出て国政を行うべく行動を開始した。結論を急ぐ、官僚に代わって国会議員が前面に出るのは、複雑でありながら精巧な国政を、国会議員が答弁するのは所詮無理なのである（と思う）。従来どおり国会議員は、発想まででよく、「理論から政策のまとめ」は官僚にやらせなければならないのであって、官僚から仕事を取り上げてしまってはダメなのであった。国会議員よりもはるかに優秀でプライドの高い官僚は、使えば使うほど光り、成果を出す。腐らせてはもったいないのである。

さらにいえば、民主党員の多くは、民間の経営幹部の方がはるかに厳しい感覚で仕事をし、官僚は「のほほん」と過ごす恵まれた環境にあると考えていたと思う。現実は、すべてとはいわないが逆で、民間幹部は経営（儲けだけ）を考えて苦しんでいると、自己満足しているが、霞が関の官僚は民(たみ)、異なる地域、経済、果ては外交など多様な面に対応した、厳しい体制のなかで仕事をし、生きているのである。

極論は、小生の関わったダムについて民主党員は、簡易には建設・維持費の税金の無駄使い、箱物と称して建設中の八ッ場ダムを中断させた。しかし、ダムは国が面白半分に造っているのでなく、洪水被害想定での経済効果及び科学的根拠に基づいて実施しているのであって、素人国会議員などの出る幕でないのである。

この意見は、高卒の小生がいうにはおこがましかったかもしれないが、思慮深く再考しての民主党復帰を期待したい。

逆説として官僚のどうにもならない弱さについて、世相に合わせてふれてみたい。

平成27（2015）年国会で「積極的平和主義」という不明の論、危うさを含む事柄を甘いオブラートでくるむ言で「集団的自衛権」を可能にする法案が成立した。が、その法案作成に関わる官僚は、武力では相手を説得できない、戦になればルールは無視され「何でもアリ」となり、「滅びを待つしかなくなる」ことは過去に経験している。戦前、中国において侵略の口実を「相手が先に仕掛けてきた」と演技して宣戦、満州国を造り、あげく太平洋戦争へと突き進んだ。その満州における関東軍、天皇も冒瀆(ぼうとく)の「統帥権」をかざす、軍参謀に加担しなければならなかった官僚…残念ながら「これはまずい」と、思っていたとしても、国会議員に従うしかない（ほぼ説得できない）のが上級官僚の事実である…と、小生の知り得た経験からもいえる。

——スポーツ、体を使っての遊び

近ごろ、体を動かすことのすべてがスポーツであると自任している。競うものをスポーツと解すると人生は30歳で終わってしまう。とすると小生はスポーツ人生を歩んだことになると思っている。

まず、小学校に上がる前の故郷、神流村ではほとんど家に居ることなく野・川・河原を駆けまわっていた。夏は朝から一日中、パンツ1枚、裸足（今思うと不思議だが砂利道を痛いと思ったことはない）で川で泳いだり魚を追いかけたり、池に飛び込んだり、途中、農家の畑でキュウリやサツマイモを盗んで食していた。今のように食べ物はろくにないのに、よく体力があったものと思う。冬季はさすがに着るもの、特に足に履くものが貧弱で凍えていたが、それでも隙間風の入る、もちろん暖房はない寒い家の中に居るより、屋外の方が寒さがまぎれるので、遊び※55でとびまわっていた。

小学生では、昼休みに教室に居るなど考えられず、校庭でのドッジボールや球けり（今のサッカーのようにゴールはなく、単にボールを奪いあう）などで遊んでいた。スポーツらしくなったのは、5年生からの運動会での近隣の学校対抗「他校リレー」の選手として、数校を転戦していた。この競技は確かチーム4名で1周150mほど（各校でまちまち）のグラウンドを各1周するもので、どの学校でも運動会の花であった。この時期、放課後はこの競技のチーム練習を行っていて、帰路のきれいな夕焼けが故郷らしい記憶として残っ

※55　冬の遊びは、チャンバラごっこ：木の棒を持って、数人が二組に分かれて戦う、馬乗り：数人が背をかがめ前の人の股に頭を入れじゅずつなぎになり、相対する組がその背に後方から飛び上がって乗り込む遊び（つぶれた方が負け）、かくれんぼ：数百m規模の範囲で行う、ベー独楽（ごま）、ビー玉、凧揚げなど。カルタなどの屋内遊戯は皆無だった。

ている。

中学校では、田舎ではスポーツなどほとんどない時代、バレーボール[※56]（このとき初めて聞く）部が誕生した。小生アタッカーとして、たちまち周辺の学校には負けない強いチームとなり、３年生のときには藤岡地区の代表として県大会へ出場した。しかし、この大会では、小生の気の弱さで、初戦の群馬大学付属前橋中学校に名前負けしてしまった。それでも一応、本格的スポーツを選手として経験できた。

高校は、中学校での実績をかわれ当然のことのようにバレーボール部に入った。しかし、その結果は、前にふれたとおり、さんたんたるものであった。一応、日曜・休日もほとんどなく、３年生の夏の大会終了まで部活動を行ったことには間違いない。

少々もとに戻し、小生１年の夏休み明けからポジションがアタッカーからレシーバーへ替わったが、当時の９人制バレーボールは、アンダーハンドでボールを受けるとドリブルかホールディングの反則をとられる慣例があり、そのため常に腰を極端に落としかつ正面で球を正確に受けなければならなかった。これは、高校生の強烈なボールに対して窮屈で楽しくないのであった。もし、この時点でバレーボールが６人制であれば、姿勢の楽なアンダーハンドでボールを受けることができ、手首の炎症にもならず、体力より瞬発力のある小生は、高校生活を楽しく、大げさにいえばそれ以降の人生も変わっていたかもしれない。それほど９人と６人制は異なる

※56　この当時、我が国のバレーボールは９人制で、地面にコートを石灰で線を引き、太陽のもとで行っていた。体育館での６人制は小生が高校卒業後、東京オリンピック（1964年）に合わせ始められたのである。

スポーツである。

話をさらに戻し、それまではスポーツに対し、どちらかというと消極的であったが「どうせ同じ時間やるなら、進んでやるべき」なのだと、高校卒業後、就職の失敗もからみ、ときをおくにつれて強くそう思うようになった。このことは後の祭りなのであったが、それを経験として、その後それなりに負けずに人生を過ごせたのは、神に感謝しなければならない。

それから約60年後、孫（2人）に接するとき、小生後悔の「やるときは一生懸命にやりなさい」といってしまうのだから、小生の自分勝手すぎるのかどうか、彼らの人生でしかわからない。

就職後では、ここからが小生の本当のスポーツ（遊び）人生と自負したい。

最初の勤め先は国家公務員（税金で賄われている）でありながら、レクレーションと称し、県大会から関東地区大会まで、野球、バレーボール、軟式テニスの競技が行われていた。その時期、各競技に参加希望の職員は、午後、場合によって1日を仕事せずに練習を行っていた。今では考えられないが。小生は、高校でのバレーボール経験者として当たり前で、群馬地区優勝事務所の補強選手として関東大会（浜松町旧芝離宮恩賜庭園内か）に数回出て、優勝した経験がある。

何といっても、田舎者の小生は一度行った程度の軟式野球をこの事務所で経験できたことである。まず感じたことは、同年代でなぜか高校野球の経験者、それも地元の者が多くいたことである。小生、始めはキャッチボールもまともにできなく、後にはよい方に変わったが、この時点ではバレーボールのオーバーサーブの癖がでて、スムースな投球にならない、最初の１年は控え選手であった。

しかし練習での「どうせやるならめいっぱい練習を行う」心構えで、シートノック時の捕球から素早い所要ポジションへの返球、一方、普段にはダム現場の昼休みに、運動の好きな相棒がいて独身寮の30m ほどの庭を目いっぱい使い素早いキャッチボールを繰り返し行った。これらが好結果となり、公式戦のレフトで相手のライナーを捕球後、飛び出していた１塁ランナーを刺したり、当時の野球では行われなかった、バレーボールの経験を生かした「頭から飛び込んでの拝み取り」を試みて皆から驚かれ、また、ライトの守備で硬式経験者の左打者のフェンスに届くかの大飛球をボールを見ずに背走し、並走して来たセンターの「捕れる」の声で振り向き目の前に来ていたボールを見事捕球した。この捕球で群馬大会・関東大会で優勝（小生は姉の葬儀が出来(しゅったい)、この大会へ行けず）したり、さらに、その後いつからかはっきりしないが、キャッチャーに転じてからは２盗を許したことはなく、逆に２、３盗への盗塁で刺されたことはないなど、よい思い出となっている。なお盗塁は、足から普通のスライディングができず、すべてバレーボールで慣れていたヘッドスライディングであった。打撃面は、気持ちよいヒットの覚えもなく、下手であった。

その後、転勤の各事務所でも野球（対戦は地元草野球）チームに所属し、打撃はホームランを打つまで向上し、一時期楽しいこともあったが、瞬発力が落ちてきた30歳過ぎで、ほぼ野球から手を引いた。

次に、補足的なこととして、佐原での寮生時代、地元出身職員に誘われ、佐原市、成田市などの地区対抗バレーボール大会に佐原市選抜で3度ほど出場する機会を得た。あまりチーム練習をしなかったが、初回に優勝した経験がある。

話をもどして、野球から遠ざかって以降、体力的な衰えもあり、厳しいスポーツから離れ、50歳ごろまでは時間があればランニング、それ以降はウォーキングで体力の維持に努め、現在に至っている。60歳代には10kmほどは何ともなく、70歳なかばには歩行距離数kmが適当な体力になって、間違いなく年々衰えている。この世を去る前に歩くことができなくなると思うが、この後を知るのは神様のみ、との心境にある。

72歳ごろ、余談ながら、総武カントリークラブ総武コースで復活したサントリーオープンゴルフを見に行くとき、往きは主催者送迎バスを利用したが、まだ試合の終わらない正午過ぎ、途中で路線バスに乗れるとの思いもありウォーキング兼ね徒歩で帰ることにした。しかし、結局バスに合わず約12kmを3時間ほどかかって帰宅、これがたたってほぼ2か月後、思いもよらず左膝を痛め歩行困難となった。しかし探し当てた病院で一度だけ水を抜き、以降、朝起きる前の寝床での腰回りと膝の屈伸で筋肉の補強、インターネットで調べたスクワットなるストレッチを1日1回、散歩程度の慣らしを半年ほど行ったところ、幸運にもウォーキングを行えるほどまで回復し、その後は早朝にストレッチ主体5分ほどの独自体操を欠かさず、現在に至っている。

前後するが、野球の末期からゴルフを始めて82歳まで続いたが、人生観ではウォーキングをスポーツと思うのに、ゴルフをスポーツと感じたことはない。

ウォーキングをスポーツと心得る人生において、ランニングかウォーキングを年間ほとんど行わなかったのは83歳（現84歳）の間で１年ほどしかない。少なくともスポーツを実感しない人よりも、人生でのまわりの気配や（やや大げさながら）スキをつくらないことを身につけたので、今があると思われる。一生がスポーツによって支えられていたといえよう。

さらに、この項の書き出しにもふれたが、今、故あって行っている家事一切を、その動作もスポーツと思うと体・心境とも正（まさ）にそのとおり、もって家事が楽になる。積み重ねの妙…徳ともいえよう。

――酒について

小生は「仕事を怠けてはいけない」との思いの裏面に、スポーツと並行して酒の人生でもあった。決して酒豪ではないが。18歳で職に就き、２年ほどは手取り月4000円程度で寮費を払うと残1000円程度の少ない給料や戦後感覚の残る世相では自前でお酒を買う、まして、「飲みに行く」など思いもよらない時期で、たまの機会にペースを崩す悪酔いもこの時期でもあった。「薗原ダム」建設が本格化し、現場の寮生活を始めると、仕事の充実感も加わり５時以降※57は（街までは遠く夜間外出は週末以外皆無）風呂に入り夕食をとれば、麻雀の嫌いな小生はこのころから本格化したテレビ『てなもんや三度笠』など喜劇ものをみるくらい。一方、数人集まると、寮で買い置きし「酒を飲もうか」になる。

これ以降、65年ほどになるが、１週間アルコールを飲まなかっ

※57　この時期の国家公務員には基本的に残業手当がなく、定刻に終業が習わしとなっていた。したがって、夜間の現場監督は業種にかかわりなく順番で当たり、残業時間を均等化していた。

たのは数回しかないほどお酒とはよくつきあった。飲むときの基本は「迷惑かけず楽しく飲む」また「二日酔いをしてもそれを理由に仕事に手を抜かない」をモットーに、酒席で迷惑をかけたことはないと思う。けれども飲んだ帰路、結婚前に一度、民間の八千代エンジニアリング（yec）時代に二度警察沙汰のトラブルも起こした悪しき経験がある。

飲む動機として、仕事がうまくいった嬉しさを肴に飲む酒が一番なのはいうまでもないが、仕事上での人間関係などがうまくいかないなどの「うっ憤晴らし」に一人、隣の客と雑談して飲む酒は、ストレス解消に有効に作用してくれたと思いたい…さもなければ人生潰れていたかもしれない。さらにいえば、yec の最盛期 1990 年前後の 5 年ほどバブルという凡人を狂わした時代にあって、ほとんどのサラリーマンは接待費で夜の町を徘徊し、タクシーで帰宅する浮かれた時代があった。しかし小生は、何かおかしい、酒は自腹で飲む…を貫いた。

妻に小生の酒で特に迷惑をかけたつもりはないが、迷惑ばかりだったかもしれない。

思い出としての時代ごとの容姿と服装

後に「太平洋戦争」と呼ばれた戦争は、何度もふれたが、小生が 5 歳の 1945 年（昭和 20 年 8 月 15 日）に終戦となった。このときは、歴史を少々読むようになって思うに、明治以前のまだ農作物の稲作が改良など行われず、冷夏で不作続きの飢餓による死者の出た時代に匹敵する貧困な時代といっても過言でなく、小学校入学前後の夏はパンツ１枚で裸足、夏以外寒さを防ぐ衣服[※58]は、母、姉が古衣料をほぐし、繕った衣服を着ていた。母と長姉の裁縫は手早く上手だった。履物は、下駄は買っていたが少なく、普段履きは、父が作る稲わら草履であった。冬のソックスは足袋（たび）（靴下などはない）で、常に繕って継ぎはぎだらけ、それが当たり前でありがたかった。校庭での運動は、もっぱら冬でも裸足。

中学は、どのような服装であったか、全く覚えがない。制服ではなかったと思う。靴は、ようやく運動靴を履いていたと思う。

高校は、あこがれの制服が着られたのは誇らしかったのを覚えている。ワイシャツは長姉が仕立ててくれた。２年後期の京都・奈良の修学旅行に際し、人生で初めて革靴を履いた。小学校教師の次女姉が買ってくれたものである。ただ、既製品であったことから数値上の文数（今でいう靴の寸法）は運動靴に合わせて購入してくれたと思うが、裸足で育った小生には古代人が革靴で歩くごとく、靴ずれを我慢して履いたものである。その革靴を履いて、昭和34（1959）年４月に就職先に赴いた。

着任した職場の薗原（そのはら）ダムでは、当時、室内着はむろん、現場に必要な作業着も長靴も支給されず、自前のジャンバーのようなものを着用していた。その後、防寒服とゴム長靴は比較的早く支給、かたちはその都度借用で、作業着は最後まで支給されなかったように思う。作業靴も支給はなく、今では信じられないであろうが支給され

※58　司馬遼太郎は学徒動員で出陣し２年ほど戦場（直接戦闘の機を得ず）に赴いている。氏のある著に「復員して帰ってきたわれわれにはあまり衣類がなく、私もだれでも陸海軍の外套を着ていた」と戦後の状況を記している。

たのは鳶用地下足袋であった。さすが、ダム工事受注のＳ建設株式会社では、最初から上・下ユニホーム（作業服）を着用していた。

公務員にユニホームが定着したのはそれより相当後のことであったように思う。小生の公務員時代の服装は、昭和 45 ～ 50 年の本局での「ネクタイ・背広」の時期を除き、作業服の世界であった。

そして、yec である。当社は土木の職種であるから、作業服が当然の世界と思えるが、何と「ネクタイ・背広」の職場であった。設計というプライドでそうなったのか、先の戦後の惨めさの裏腹から、そうなったのか、よくわからずに退職を迎えた。調査などには、借用書を提出して倉庫係（労職員）から期限付きで借り受けた作業着で出かけた。

退職から 15 年、元々制服好みの我が国で、今クールビズなどといってラフなスタイルが普通になりつつある。時代が変われば変わったものと、感心の小生である。

第１部のおわりに

この著は 2014 年ごろに冊子にしたものを、その間の経過を反映させ再構成したものである。元の冊子の題名は『田舎の坊ちゃんの果て』としていた。小生は幼児のころ、なんとなく坊ちゃんで過ごしたような気がしたからである。もちろん「親譲りの無鉄砲で子供の時から損ばかりしている」から始まる有名な夏目漱石の小説『坊ちゃん』の坊ちゃんは、同中の清（同家の下女）が主人公を呼ぶ際の便宜性にあったと思うが、その坊ちゃんのイメージが失礼ながらなんとなく重なるからである。そして、今度の題名は生き様をそのままの表現にした。その人生は有意義であったと思うこととして、出発の生命を与えてくれた親に感謝のみ。

昭和の厳しい太平洋戦争後に物心つき、平和な高度経済成長期に生きながらえた幸せ者。小生が携わったダム事業を含め、科学技術の急速な発展が知らず知らずに地球の自然破壊を少なからず伴っていたのを、今になって知り得てもなすすべなくある。この自然環境を未来の科学技術で復元されることを祈り、さらに、３人の子供、３人の孫も授かり家系をつなげてくれていること、神に感謝したい。今は、昭和は遠くになりにけり…か。

第２部　父――その時代背景と現代考

――その１

父について、この記述の発端となった兄から託された父の経歴資料で、小生の知る由もなかった父の人生がほぼわかったので、その経歴・時代背景を主体に参考までにここに記す。

父は高等小学校を明治43年3月に卒業、その年齢は14歳である。そして、資料による経歴の最初、大正7（1918）年9月、ときに22歳で警視庁（東京）の警官になっている。14～22歳の間にどのように所在していたか定かではない。

ここで、その経歴を転機ごとにみると、32歳半ばまでのほぼ10年間を四谷、赤坂、青山、品川の警察署他で勤務している。この間は、明治維新後の我が国最初の経済文化発展、いわゆる「大正ロマン」「大正デモクラシー」といわれる時代、「職務格別勉励に付金○○円を給与す」なる、今はないであろう手当も多く、若い父のはつらつとした心身（であったと推察できる）とが相乗し、父の最も充実の時期であったと推測できる。

そして昭和4年9月に32歳で群馬県警に出向※59（この辞令の文言、普通は警視庁に戻る意味）を命じられ、ほぼ7年半の間、刑事係主任の身分で、伊勢崎、渋川、高崎、藤岡、前橋の署を転々、昭和10年4月に34歳の若さで境警察署の署長に就任（栄転）、その後大間々、富岡と3か所の署長を歴任し、最後1か月の県警本部を経て昭和16年12月8日に45歳で退官となっている。

退官となったその日は、くしくも我が国最大の悲劇となった太平洋戦争の開戦の日である。

この開戦と退官は密接に関連していると考えられる。太平洋戦争は、父がその後を悲劇的に過ごすこととなった最大要因であると思う。

「れば、たら」はいってはならないが、もし戦争という惨劇がなかったら、父のその後は依然として揚々であったはず。逆説的には、大正ロマンでのハツラツとした時代背景における父の45歳までのよい時代が、退官からその後に向けての最悪のシナリオであったともいえる…点である。

端的にいえば34歳で警察署長まで上り詰めた。当時の警察署は群馬県でも10署とはない時代、今の市長などよりはるかに高い地位、それに連動して相当裕福な暮らしをしていたと思う。東京生まれで署長時代の豊かな家庭に育った兄の風格からもうかがわれる…12歳下の小生には、豊かな生活の記憶はほとんどない。

繰り返しになるが、人生の前半がよすぎたのか、後半は不幸な人であった気がする。

例えば、今の時代であれば退職後の生活に困らない天下り先は十分確保されているが、実は父も、終戦までの5年間ほど天下りの

※59　群馬県出向は左遷（意にそわない）と思わせる父の手書き文が残されている。父母の長男（小生の兄）大正14年9月生まれは、精神に障害ありと聞く。このことが群馬県出向にかかわりがなければよいが…。養護学校など考えられない時代、この兄は学業免除（らしき資料あり）を受け、学校に行かず想定10歳ほどで没している。ちなみに小生の兄弟は、戸籍上8名である。

事実がある。が、それは戦争を高揚させるためのにわかづくりの県の外郭団体であったため、太平洋戦争終戦とともに消滅の組織であった。そして残念なことに小生が物心ついたころは、敗戦による貨幣価値の一変で、「退職時にはゆうに家一軒を新築できる蓄財があった」貨幣がすべてゼロとなってしまったと母が嘆いていた。

そして退官後、郷里の神流村（かんなむら）に、見た目は立派であったが古材を使った隙間風の入る一軒家を建て移住したのであった。

さらに、小生が5歳ごろに父は、その神流村の村長に立候補、対抗者は一人であったようであるが敗れた。資質・人格は上であったと思う。しかしながら投票を行う農村の住民を相手に警察署長であった身分など、むしろ足かせになる…背景もあったのである。

そして、今のように職業の多くない時代、行政書士として、たぶんわずかな収入しかなく、少なくとも小生が中学校卒業までの間は、小生の最も上の姉の縫物※60や母の機織（はたお）り※61の収入を合わせても、今では考えられない質素な家族生活の維持がせいぜいで、好きなお酒も買うことができず、幸せをとはいえない生活を送ることになっていた。孤立な後半であったのは残念である。

たぶん警察署長であった名誉を気概に、不平などいわず、実直に世を渡った生き方は、子供の小生は誇りに思っているが、また、切なさもある。

この父が79歳ごろ、脳いっ血で倒れ1週間ほど昏睡状態となり、

※60　戦後5年ほどの間、市販の衣服はほとんどなく、近所から古布での洋服作りを頼まれ、仕立てて礼金を得ていた。

※61　戦後、絹織物を個人（家庭）に依頼する企業家がおり、機織りで収入を得る。

周辺は死を覚悟したが、少々の後遺症が残ったものの、89歳まで生きた（昭和59年没）。その、昏睡状態の際には、小生は勤め先の秩父市からマイカーで数回見舞ができたのは幸せであった。

最後のときは、数か月前から決まっていたインドネシア出張[※62]（日本国無償援助の専門家パスポートで）という重要な案件の前日であったことから葬儀には出ず、インドネシア行きJAL航空機内の10000m上空で、父との別れを想った。小さいときから親子らしい接し方がほとんどなかった父と小生の決められていたような別れとなった。

その葬儀には、小生代理として中学生になっていた長男（孫）が小生の妻を伴い千葉県佐倉から群馬県藤岡へ参列できたことは、亡き父も喜んでくれたと思う。

また、その前段として88歳の米寿の祝いを子とその孫（11名全員参加か覚えなし）を交えて歓談できたのも嬉しかったと思う。

話が戻るが、父は、髭（ひげ）の似合う男であった。髭の似合う男は、今では少ない（単なる無精ひげといってよい）、髭の似合う男になるにはその人に定められた人生での努力、そして人としての徳の積み重ねを要するのであろう。

最後に、父の寂しさを語る最近の出来事、父の遺品として小生に託され保管していた署長時代のサーベル[※63]を、3年ほど前に群馬

※62　インドネシアには多くの火山があるが、中でも地質学の世界では名の知れたメラピ火山が大噴火し、その防災（砂防）計画作成の一員として小生が日本国の無償援助の土木系機械専門家として、約1か月の海外出張であった。

※63　署長のみに託された儀礼用（と思う）の西洋の刀。今のスポーツでのサーベルのような軟（やわ）なものではない。

県警に警察の記念物として返納したいと申し出たが、単に「銃砲刀剣類所持等取締法違反になるので、在所の八千代警察に届けるように」との、つれない返信。結局サーベルは、刀身を切り落とし所持を許される代物となった。これも先の戦争を境に、戦前の警察は父と同様消滅。改めて父の切ない境遇を想う出来事であった。

――その２

父には、詳細は省くが４人の叔父がいた。その生誕が明治時代中期（幕末から35年ほど後）で、大正、昭和と三時代を生き、いずれも学問を重んじ、かつ何につけても努力を惜しまず、身を粉にする気概の「男らしい男」であった。

そして今、例えば政治家の言動を見聞きして、明治生誕の父たちに比べると、少々言葉が過ぎるかもしれないが「女々しく感じてしまう」…いかがであろう。

――蛇足的補足（時の男）１

「大東亜共栄圏構想」を夢みて、近代化の遅れているアジア諸国を見下し、戦争による領土拡大を目指し、最終的には日本の政策に猛反発するアメリカ・イギリスそして中国及び終戦直前に参戦のロシアの連合軍を相手に太平洋戦争に突入、あわや日本国全滅の間際まで行ってしまった。このような非難される面は否めないが、そのすごさが平和に結びつかなかった…（容認してはいけないが）だけともいえる。その気概だけは尊重したい。

——蛇足的補足2

驚異的な世界の注目の的になっている戦後復興は、小生が最も気概・貫禄を感じた明治男の吉田茂（戦後初代）総理大臣及び明治の気質を継いだ昭和天皇、そして明治人を引き継ぐ国民の知能・理解力の高さ・忍耐強さなどの結果であり、決して政治家だけの力ではなく古代から培われた日本国民の力に相違ない。が、近年、政治に責任をなすりつける一般国民と安易に「任せろ」という政治家、危惧されるが、いかがか。

——蛇足的補足3

吉田茂、この総理は、国会の答弁で「バカヤロー」と質問者を罵倒し、その責任？を取って国会を解散した。当時は、このように意にそぐわない相手とやりあうのはしごく当たり前、その真意は自分のいい分に責任を持つこと、決して相手を馬鹿にしているわけではない。相手を叱るのでなく喧嘩することによって、物事のあいまいさをなくし、責任の所在を明確にする発言と解釈したい。

一方、今はどうだろう、決して相手を罵倒する言葉は使わない…柔らかい言葉であれば責任逃れが容易だからであると、思う。さらに、いい過ぎた（と、自身で思ってしまう）言動を批判されると、すぐに謝ってしまう。謝らないでなぜ反発しないのか、別に命を取られるわけではないのに。

最後に、昭和生まれの中では、当家と同姓同郷、当家との姻戚関係はない福田康夫元総理大臣（前総理福田赳夫（たけお）の長男）は、気骨があり肝の据わった人、との思いがある。

第３部　建設最盛期に関わったダム
——その余話

はじめに

第１部の記載と重なるが、思い出多きことなのであえて記す。

小生は、太平洋戦争での荒廃と同時期多発した首都圏を襲う台風での洪水被害からの復興と洪水防御を主目的とし、ほぼ50年続くダム建設の最盛期と重なった仕事人生を歩んだ。

ダムをイメージすると、一応その道のプロと認めたい小生も、一般の方々が脳裏に浮かべていただいている美しさだけをイメージする程度である。逆説として「ダムは自然を壊す悪である」との意見も、特に清流に生息する魚をこよなく愛する方々に多い。

ダム建設のため、移転（転居）を余儀なくされた人の心労は計りしれないが、山奥の地域を青空に向け開けた地とし、住みよい環境になったと思っていただいていると思いたい。

ダムの美しさは、そのたたずまいにあると思うが、インターネットでみる現状は、ダムを中心に広域的な公園（テーマパーク）化された観光地となっている。この観光化は「ダムは悪」を払拭すべく国が「ダム水源地環境整備センター」なる組織による地元対策の力が大きい。しかし、技術者として関わった者としては、観光化は何かおもはゆい。

以降は、美しさのイメージを妨げるかもしれないが記してみる。

なお、関わったダムはすべて、その建設目的から「多目的ダム」※64と称するダムである。

お断りとして、次の各項に引用した写真は現状であり、小生が現場職員として建設に関わった薗原ダム以外は、小生が施工計画・設備設計［ダム本体は土木専門職（長島・宮ケ瀬ダムは他社）］にかかわった時点では未開（自然）の渓谷であった。

1. 群馬県の薗原(そのはら)ダム（建設省、現・国土交通省直轄）

このダム建設は、小生が国家公務員としてスタートを切った職場である。入所時はダムサイトは手つかず状態、それから２年後に現場（ダム建設）作業に入り、ダム完成までをダムサイトから500m ほど手前（下流）に建てられた飯場(はんば)同然の寮で生活した。このような現場を踏み、その後もダムに関わった機械職は、ダム建設に携わる大手ゼネコン社員は別として、ほとんどいない奇跡的なことであったと、今では思う。

そこでのいくつかの思い出を次に。

①現場作業のないスタートから２年間は、ほとんど仕事らしい仕事はなく、関東地区事務所対抗野球大会の練習に励むといった、およそほかの業界では考えられないようなことで、暇つぶしを行っていた。けれども、これもあながち人生の負ではなかったと思いたい。その暇に、後に大いに役立った機械工学などの自習？を行うこともできたのである。

※64　一義的には治水（洪水防御）・利水（水道・灌漑・発電）用水など複数の機能を兼備したダム。

②ダム現場作業の開始と同時に、国の監督員という立場、とはいえ実際は作業員が行っている作業を単に立場上見守る、いや、教えていただいたのが現実であった。

現場で人生として教えられたのは、鳶職及び現場作業員の命をかけた仕事の姿勢である。一般の社会人では及ばない、といってもわからないと思うが。

薗原ダム@ kenta0807 - stock.adobe.com

③ダム工事の最盛期、小生が主に関わったコンクリートダムではダム本体となるコンクリートを順次積み上げる打設である。小生は、そのコンクリートの基になる骨材、それらをセメントと混ぜ、適切なコンクリートを製造する過程の機械設備保守責任者として勤めた。現実は地味な仕事で、作業を行う多くの作業員は、たぶん小生を暇人としかみていなかったと思う。しかし、この設備（機械）を毎日こまめに観察し、故障の可能性が高いと判断すると、月１度定められた（建設作業のない）機械設備定期整備の日に、その修繕を実施し、３年にわたる工事期間、担当設備の不具合によるダム工事の休止を防いだ。今思えばこれは、ダム工事での誰も知る由もない大きな功績と自負している。

④この現場出張所では、機械職の上司はおらず、ほぼ何人にも拘束されず、自分なりに仕事に集中できたよき青年時代で、以降の仕事人生で大いに役立つものであった。

2. ダム現場から、約10年後の空虚な経験の２つのダム

薗原ダムから河川事務所・東京（本局）勤務後約10年を経て再度ダム工事事務所に返り咲き、埼玉県秩父市（２ダム計画）に１年、群馬県渋川市に１年半、機電係長を拝命し勤務した。しかし、この２事務所は工事とは名ばかりで、実務はほぼなく、ダムサイトへは山菜取りが主なこと、といっていいような思いが残る場所であった。ただ、両事務所とも所長の並々ならぬダム建設への熱意と我々職員への気配りは忘れられない。

それから、ほぼ50年で３ダムは完成した。３ダムのうち、特に

八ッ場（やんば）ダム[※65]は、一時期民主党政権下で中断を余儀なくされたが、首都圏を洪水から守る洪水防御を主とする最後のダムとして、またダム建設技術50年の集大成の工法で施工された。直接建設現場には携わらなかったが、長い期間ダム建設に関わった者として想いのあるダムである。

3. 40歳、八千代エンジニヤリング株式会社へ転職 ——そこでのダム

縁あって公務員を退職、八千代エンジニヤリング㈱（当時、目黒区中目黒）に転職した。この会社に誘われダムの施工計画業務に日夜尽力できたのも、薗原ダムの現場経験と神の与えの賜物と思う。

この社で、コンサルタントとして手がけたダムの余談を主に手短に示してみる。

ただ、お断りとして小生が施工設備の計画・設計の仕事時点ではもちろんダムの姿はなく、ダム完成は5から10年以上を要するため、完成したダムを見に行ったことがない…歳のせいでおっくうに

※65　余談になるが、なぜ この八ッ場ダムの建設が当初計画から50年余もかかったか、小生のやや不正確ながらの経緯を示す。このダムは、昭和20年代に多発した首都圏の洪水対策の事業とし国が利根川上流にたしか八ダムほどを建設する計画の一つである。そして1970年ごろに建設が準備されたが、その時期、戦後復興による賃金・物価の急上昇（インフレ）の時世で、ダム建設に伴い移転を余儀なくされる住民は、ときに支払われる保障費ではすぐに立ち行かなくなることを懸念したこと、相まってどうしてかダムに関係ない成田空港反対闘争に加担した全学連などの過激なつわもの？が当ダムの移転住民に加担して、糞尿をまくなどして当局に反抗、それに伴い用地交渉（買取価格など）に延々と労を重ねたのである。

なってのこと、ご容赦あれ。しかし、今はインターネットを介して、完成ダムをより詳しく映像で見られるのはありがたい。

一ついえることは、小生が関わった各ダムの施工（機械）設備は相当大がかりで高価なものであるが、ダム完成後にはきれいに撤去され、跡形も残っていない。小生の脳裏に残像があるのみである、「仮（かり）設備」とよばれる所以である。

（1）神奈川県の宮ヶ瀬ダム（国直轄）1971～2000年（関わった期間）

このダムは、ダム天端標高が横浜の当時建設のランドマークタワーの屋上と同じ、という噂を聞いたほど首都圏に近く、奥深い山間でもないことから「ここにダムが？」と思われたものである。そし

宮ケ瀬ダム@ kenta0807 - stock.adobe.com

て、今では観光地となっている。

このダムは堤高 156m、堤体積（コンクリート量）が我が国最大の重力式（別にアーチ式あり）コンクリートダムで、小生のチームは、このコンクリートに必要な洗浄した骨材を、岩を砕いた原石から造る設備を 1k㎡に相当する山野に配置する実施設計（当方設計どおりに現地に設備を設置する）を多くの工夫を凝らし行い、以降のダム施工設備の原型を得ることができた印象深い経験をしたダムである。

（2）高知県の中筋川ダム（国直轄）1982 ～ 1998 年

日本全体がそうであるかもしれないが「四国はすべて山である」といっては語弊があろうか、海岸のわずかの平地がそれぞれ県庁所

中筋川ダム@ setsuna - stock.adobe.com

在地といってもよい。そのため雨水がたまることなく海へ流れるため、古来から溜池(ためいけ)が多い。そして昭和の太平洋戦争後、国が関わり造られた四国内のダム数は、数えきれないほど多い。地方にこれだけのダムができたのは、察するに地元政治家の力が大きく働いたと勘繰れる（失礼）。

さて本題のダムは、県庁所在地の高知からほぼ100kmの南端近く、山間をその名のごとく、くねくねと筋状に流れる河川に計画されたコンクリートダムである。

技術的には、以降に記載する千屋・奥胎内ダムも同様であるが、ダム施工の基本となる多く（特にコンクリート施工手順）の規則・制約条件を満たす最善の施工スケジュールから始め、すべての計画・設備設計を、特に（プロでは当然だが）ダムサイトの地形をうまく利用してコンパクトにまとめて行ったこと。ちなみに、前頁写真の左上に見える平場は骨材製造設備の跡地である。このようにダムの施工に関わるすべてを行える業務は我々の業界ではまれなことで、恵まれたといえる。

一方で、ここでの仕事がなければ行けなかったであろう足摺岬への1泊観光、高知市内観光、休暇を取ってのゴルフなど、1週間ほどの宿泊を含む数十回の出張が思い出にある。

(3) 静岡県の長島ダム(国直轄) 1989 ～ 2003年

このダムの最初の関わりは、ダム完成後に貯水池水位を（緊急時及び夏季洪水に備え）低下させるための堤体内ゲートに、我が国初の水密構造を採用する信頼性について「ダム技術研究センター」の依頼を受け、同所とゲートメーカーとの間の中立な立場での技術の橋

長島ダム@ hideky - stock.adobe.com

渡しであった。

その後、コンクリートダム施工設備のうち、骨材製造に関わる計画・設計を受注し、行った。確か、ダム用コンクリートの原石としては珍しく、ダムに沈む大井川河床堆積物（礫まじり砂利）から骨材を製造する事業計画によるものであった。これによる骨材製造設備は、岩の原石でのそれよりはるかにシンプルな設備となるが、今、その具体的内容を思い出せない。

それに比べ、ここへの数多くの出張で東海道本線金谷駅下車、直近の新金谷駅から千頭（川根町）駅間の大井川鉄道での１時間ほどの古い蒸気機関車での旅。また、この地は有名な川根茶（かわねちゃ）の産地、打ち合わせ時に事務所の女性が出してくれるお茶は、香り、味ともふだん飲むものとは格段の差があり美味いものでした。

なお、このダムの今は、周辺の公園化や千頭からさらに上流山奥の温泉地へ、ダム建設による急勾配をアプト式鉄路での登り、またダム湖を鉄橋で渡る鉄道の旅が外国人観光客も訪れるほどの名所と報道されているが、当時の山間の風景がよみがえる。

(4) 岡山県の千屋ダム(国補助) 1989 ~ 1998 年

このダムもコンクリートダム施工設備全般の計画・設計を行った。打ち合わせのなかで、急峻な山地に計画したベルトコンベヤに対して「道路もできない斜面のベルトコンベヤをどう設置するのか」と

千屋ダム@ COOL_K_CHOCO - stock.adobe.com

老練職員に問われハッとしたこと以外はほとんど憶えていない。ただ、このハッとした原点は、なまじ現場経験のある小生は「職人の優れた能力で、現場仕事を何事もこなす」が無意識、脳裏にあり、状況を深く考えていなかった。ダム事業の発注者として工事金額に関わる重要な事項を念頭に持つ老職員に、負けたのである。

一方、中筋川ダム同様出張時のゴルフなど観光気分が思い出される。

いま一つ、岡山県の職員は、仕事熱心ながら非常に温厚な印象が残っている。桃太郎の地、その勢いかもとも思う。

（5）新潟県の奥胎内ダム（国補助）2002 ～ 2018 年

このダムは、小生のかかわった国内最後のダムとなった。新潟県

奥胎内ダムの下流側より上流側を望む（平成 30 年 12 月 25 日撮影）。新潟県新発田地域振興局地域整備部ダム管理課のホームページより。

の秋田県に近い山奥に位置し、名だたる豪雪5または7mの積雪と聞いたが、見てはいないであろう。この現場へは5月から10月末までの6か月のみしか入れない…これに関し、小生が県担当者に「除雪すれば3月には入れるのでは」といったところ「馬鹿をいうな、頭上斜面（山）から雪崩が発生して大変なことになる」と、叱られた。

とはいえ新潟県の職員の方も岡山県同様、県の財政の豊かさ、それ以上に幕末以降多くの人物を輩出する地勢的な要因もあろう、温厚実直な方が多かった印象がある。さほどに雪深いこの地、現地調査開始から2年ほどは、車で到着できるヒュッテから現地に入るには、握り飯入りリュックを背負い、斜面では深い雪で根元を曲げられた雪椿（花は見たことがない）の灌木が連なる獣道（けものみち）を、小一時間を要して通った。その現地調査からほぼ2年後、当該ヒュッテ地点からダムサイトまで橋梁・トンネルを含む片側1車線、全長約2kmの立派な工事用道路（県道？）ができ、山奥の感が一変し、ダム建設に進むのである。

有名な黒四ダムをはじめ40年前ごろのダムは、このような未踏の地に建設されたダムは少なくないが、近年ではこの奥胎内（おくたいない）ダムが未踏の地での最後のダムであろう。

このような自然環境から、このダムの工事期間は15年ほど要している。この長い期間、小生はこのダムの完成の前に没していると当時覚悟していたが、今、幸運にも生きながらえている。

さて、技術の話としては、特にこのダムは、地質技術者の発想で珍しく（我が国唯一と思う）ダム基礎掘削した質のよい岩をコンクリート用骨材の原石に利用したことである。また、狭いダムサイト

（前頁現状ダム空撮写真参照）には面積を要する設備は設けられえないことから、上に示した工事用道路のほぼ中間点の平坦な地形に、運搬した膨大な原石仮置き場と直結する骨材製造設備を設ける配置とした。結果として、ダムサイトとこの設備の間を原石・骨材運搬二往復の仕掛けとなったこと。また、狭いダムサイトには、ダム上流約200mのトンネルを抜け運ばれた骨材を、トンネルから50mほど上流右岸（写真で左側）から左岸に橋長100m強の吊り橋にベルトコンベヤを敷設運搬し、右に見える比較的平坦な地形にダムコンクリート製造及び製造したコンクリートをバケットに入れ打設タワークレーンに運搬するトロッコ形式運搬路などの設備を、コンパクトに配置する計画を行った。今、上空からの現状（写真）を見て記憶が鮮明に思い起こされる。

（6）付帯的に関わった主要なダム

イ．徳山ダム（ロックフィルダム）：洪水吐コンクリートの施工に関する設備計画・設計。

ロ．美和ダム：貯水池流入土砂排砂トンネルの適切な運用に関する設備計画。

ハ．浦山ダム：濁水対策用ダム湖バイパス清水路（管）設計。

ニ．香川県小豆島既設ダム（ダム名思い出せず）：運用改善検討。

第４部　蛇足：古典物理学で野球を語る
――孫の野球観戦からの考察

はじめに

小生（昭和の大戦前の 15 年生まれ）、思えば野球も戦後復興に大きく関わっていた。その小生が野球を行ったのは、最初の職場で軟式草野球チームに所属してからの十数年で、主に外野手及び捕手であった。

その草野球経験から三十有余年を経て、退職後 7 年から 10 年ほど、孫の少年野球から高校野球を応援しながら観察、勝敗もさることながら野球という競技を専門外のスポーツ人間（と、自負）として、選手の動作や連携プレー、監督の采配などをみてきた。それらを思いめぐらせているうちに野球のプレーは、かなり古典物理学（ニュートン）の法則に則って説明できることがわかった。

約 100 年の伝統を受け継いでいる野球人の方々にはお叱りをいただくのを覚悟で、野球を理詰めで提言などを記すこととした。少しでもなるほど…と、思っていただければ幸いです。

なお、本論で使う野球の道具だては、硬式高校野球の規定を採用している。そして、人間の行う動作を物理学で厳密に算出するには精度に欠ける点は、ご容赦願いたい。

前段

1. 野球の見どころ

野球は、見方によると長時間のダラダラした競技である。が、各プレーはコンマ何秒（瞬間）の出来事で、よくいえばスリル、悪くいうと「れば、たら」の連続で評されるのである。

本書の基となる試算値を、表1及び2に示す。表の数値が示すように、すべてのプレーが4秒以内に決着する。

その背景の中で、野球がほかの競技と大きく異なる点は、ピッチャーとキャッチャーそしてバッター以外のプレーヤーはほとんどカヤの外におかれていることである。しかしその中で、プレーヤーは次に何が起き、自身がどう絡むべきかなど、集中力のあり方も問われている。

観客も、この次に何か起こるかに、集中を切らしていられない。

2. スリル場面をバーチャルリアリティで語る

(1) 打撃の不思議

表1に示すとおり、ピッチャーから投じられたボールがキャッチャーに達するまではわずか0.5秒ほどである。そして同じ軌跡は万に一度あるかどうか。そのボールを「打者がなぜ打てるのか？」と、ある物理学者は書いている。物理学では解析できないということのようである。まさしく人間技の極みといえるのかもしれない。

蛇足：ボールを打つ競技のゴルフでは、静止しているボールを打

表1　基本とする球速（高校野球想定値）

種分け	設定球速		備考
	想定時速	秒速換算	
投手	130km/h ～ 100km/h	36m/s ～ 28m/s	P－C 0.51s 中央値 0.59s P－C 0.66s
野手	100km/h ～ 80km/h	28m/s ～ 22m/s	C－S 1.39s O－C 3.64s

h:時間　s:秒

※投手板から本塁までの距離は規則から：18.44m
上表の投手の備考欄の値は、投手（P）の投球から捕手（C）までの純到達時間を示した。また、野手、備考欄のC－S値は、捕手の2塁送球（≒39m）の純到達時間を、O－C値は外野手（O）から捕手までを80mとしたときの純到達時間を示した。

表2　走者の俊足（高校野球想定値）

100m走	秒速換算	塁間所要時間
13s ～ 15s	8 m/s ～ 7 m/s	3.13s 中央値3.35s 3.57s

s:秒

※各塁間の距離は規則から：27.431m
上表：塁間所要時間欄の値は、走者の離塁を考慮し25mとしての到達時間を示した。

表3　2盗攻防の瞬間値（高校野球想定）

	守備側			攻撃側
	ピッチャー	キャッチャー	2ベースカバー	ランナー
モーション	推定1.00s			表2、3.35s
飛球（P－C）	表1、0.59s			
捕球		?		
飛球（C－S）		表1、1.39s		
捕球・タッチ			?	
合計時間	2.98s			3.35s

s:秒

※推定値はまったくの推定、それ以外は、表1、表2引用の計算値を示す。

つ、ゴルファーは当然打ちやすいスタンスをとり、ゆっくり時間をかけて打つ、なのに思った所に飛ばせる人はほとんどいない。これについて「動いていないからで、人間（動物）は動いているものの方が捉えやすい」との言もある。

(2) 2盗の攻防

表3は、表1、2の計算値を攻守のプレーごとに集計してみたものである。空欄（二つ）は、推測が難しい瞬時のプレーの欄である。合計欄は、空欄を除く値を示している。その合計値の攻防の時間差は、わずか0.37秒である。

すなわち、キャッチャーの捕球・投球とセカンドカバー野手の捕球・タッチを加算した時間を、この時間差（0.37秒）内で行われないとランナーをさせない（キャッチャーの正確さが鍵を握っている）きわどいスリルを示している。

(3) 犠牲フライ（タッチアップ）の成否

先に述べた表2の走者の塁間所要時間は、1塁ランナーの離塁を考慮して塁間を25mで計算したが、3塁から本塁までを正規の塁間距離（27.431m）で求めると、3.66秒となる。ここでは、この時間でランナーをさせる外野手の本塁からの位置（x）を求めてみる。

野手の投じる球速は表2から22m/秒、野手の捕球から本塁への投球動作とキャッチャーの捕球からタッチを合わせて0.5秒で設定してみる。その答え（x）は、簡易式…

$$x = (3.66 - 0.5) \times 22$$

答えは、ほぼ70mで求められる。

すなわち、外野手の位置が本塁から70mを境に、走者の生還の成否がジャッジされる。もちろん、外野手の遠投球速と到達点の正確さがスリルを増大させるのは、実戦でみられるとおりである。

70mは、センターの定位置のやや手前と思われる。

3. 指導者（監督）の采配の妙

監督のいないチームなど考えたこともない野球人がすべてであろう。もし、監督がいないチームが試合に臨んだら、サッカーであれば、選手同士が声を掛け合って可能と思うが、サインでゲームを組み立てる野球でもできないことはないが、どう想像しても監督のいない野球など光明はみえない。

そのくらい野球というゲームは、監督が重要である。逆にいうと、ダメな監督では、指導ができ相応の選手を育てることができても、試合には勝てない…と、いって過言でない。

監督のさえた戦略・戦術の采配があればこそ、試合に緊張感が出て、選手はもとより観客も野球の醍醐味を味わうことができ、勝ちにもつながる。それでも負けるときは相手が強いだけと、後味悪くなく納得できる。

監督は、この点、肝に銘じ、指導・采配を考えてほしい。

本論

1. 捕球術

キャッチボールという呼び名が正式な英語かどうかは確認していないが、ほとんどの野球人は、これから始まる練習（試合）の肩慣らしと考えているふしがみられる。よい見方をしても投げる練習を行っている、としか思えない。この考えが、特に少年野球でのツマズキになっていると思う。

呼び名どおり、あくまでも捕球（キャッチング）の練習とわきまえるべきであろう。それは、数秒を争う野球において、捕球は終わりでなく投球の初めに当たると、考えるべきである。

相手からのボールを正面でなく腕を伸ばして捕球したり、ワンバンドを適当に対処するなど、捕球と投球を区切って個別に行っていることが多い。が、これらは実戦の弊害となる。

キャッチボールは常に正面で、投球の体勢でキャッチする癖（動作）を身につけておかなければ、試合での瞬時の対応につながらない…と、肝に命じるべきである。

2. 投球術

(1) 球速（スピード）

投球には球速が求められる。そのとき力を入れれば球速が出ると、単純に考えている選手が多いと思うが、これが思い違いであることを強調したい。

実は、自然の法則（ニュートンの法則の一つ）では、物体に一定の力を与えると、その力が作用している間は物体の速度が増してゆく（加速度という）。

具体的には、ピッチャーがキャッチャーめがけてボールを2秒の間に120km/h（秒速33m/s）のスピードで投球した時の加速度は、（33m/s）/2s）＝16.7m/s^2 であり、もし、この加速度であと0.5秒保持してキャッチャーに投げると、なんと（16.7 × 2.5)150km/hの速度となるのである。

すなわち、力も大事だが投球動作において重要なのは、腰を中心にした胸を張ってのねじりを腕に伝え、握ったボールのリリースポイントをキャッチャーに向かって限界まで保持して投げる（送り出してやる）ことで、目いっぱいの力を要しなくても、スピードが出るのである。

この投球フォームの最後は、当然キャッチャーに正対し、体が横に倒れたり、跳ね上がったりしないことで、体重移動がうまくボールに伝わり、重い球種にもなるであろう。

なお、重い球種について補足すると、先の2秒で120km/h（加速度16.7m/s^2）の速度を出すときのピッチャーのボールを押し出す力（投手力）は古典力学公式での算定で2.42kg。仮に20m/s^2 の加速度を与える投手力は2.9kgと算定される。

以上示した古典力学から、ピッチャーは腕の長い長身が有利なことを示すものでもある。長身を（牽制球を意識しすぎて）かがんで投げるフォームは、もったいないといわざるを得ない。

(2) コントロール

投手は、スピードよりもコントロール（打たせるも含む）が重要なことはいうまでもない。しかし、これについても、球速の考えをと重複するが、リリースポイントを限界まで捕手（ミット）に近くする腕または手首の振りおろしはリリース後、フィニッシュの姿勢はキャッチャーに正対させるのが鍵。どの球種でもリリースポイントを一定にすることを、どの練習にも増して徹底すべきが要点。野手でも、相手に向かって手首を伸ばす（振る感覚でなく）投法が、コントロールのポイントと思われる。

(3) 空気（風）を意識（利用）

投手は、打者を打ちとることに気を使い、空気というものの存在を忘れているように見受けられる。たぶん「いやな風」と、思う。

投手はもっと空気（追い風・逆風・無風など）を意識、利用し、ボールコントロールに生かすべきである。すなわち、変化球は腕また、手首や指先のねじりなどの強弱もさることながら、ボールに作用する空気の抵抗による変化であることを身に沁み込ませ、空気抵抗をうまく利用して、体力及び気力の消耗も防ぎながら、打者をほんろうに利用するべきではないか。そのためには風のある日に、あえてキャッチャーを伴い風上・風下と、投球練習でボールを風にたわむれさせてみる（たわむれ方はお任せ）のも一考に値するのではないかと思う。また、逆説として、無風のドーム球場であれば、無回転のフォークボールは風に流されずにストンと落ち、逆回転のシュートボールはより浮き上がる。これは変化球全般にいえ、会得した投手はこたえられないはずである。

3. 打撃術

(1) 打撃の基本を考える

打球がどのような力で飛んで行くかを、わかりやすく二つのケースで述べる。古典物理学での数式で求められ、それを文章で示すと次のようになる。

ケース１：ほとんど手打ちの場合

ピッチャーが投じた120km/h（秒速33m/s）のスピードの重さ150gのボールを950gのバットの真芯で捉えると、その打球スピードはほぼ42m/s、20度の角度で飛びだすと設定すると（インターネット記載の空気抵抗を無視した放物線計算ソフトで）その飛距離は115m、空気抵抗で0.25減少すると仮定するとほぼ85mと求められる。

ケース２：体の回転力を考慮（体とバット一体）のケース

ケース１と同じピッチャーのボールを、このケースではバットスピードがケース１より１割減じると設定しても、その飛距離はほぼ130mとなる。

いわんとするのは、体の芯に利き腕をたたんだ状態で、いわゆる腰の入った体のねじり、すなわち体重とその重心からの回転力（力学ではモーメントという）が伝わるバットスイングが強い打球を生む重要な点であることを、力学理論で示したものである。

この際、モーメントの概念から、体重の重い人が有利になる。

端的には「腕の力は無意識にして腰の回転のみでボールを捉え

る」が、極意といえそうである。まさに2023年にエンジェルスで投手として11勝、打者として44ホームラン（王）の大谷翔平がこの打法であるように思う。

なお、算定はしていないが、理論ではバットは重い方が有利である。

次に、この一体スイングの補足として、次のことがあげられる。

・打ちに行かない…待って打つ。
・前かがみのかまえでなく、素直に立つ。
・サインが出たとき以外は、上からたたかない。少なくとも水平かアッパーで。

バッターボックスでのかまえ（代表的な２例を参考まで）

（A）バットを耳より上方にかまえる

この場合は、かまえがスイングの始動位置になっていて最短で打球を捉えられるほか、落差をバットの重さでの加速度に生きる利点がる。なお、重心はあくまでどっしりとすえる。

（B）バットを胸の前にかまえる

この場合は、重心が低くなるので腰の入ったバットスイングとなる利点がみえ、手打ちでなく、あくまでも投手の投げる球を呼び込むようにバックスイングをゆっくり取り、腰の回転でボールを捉えることで、長打が期待できると思われる。

逆方向へのバッティング

一般には、右打者のライト方向、左打者のレフト方向への打撃練習をほとんど行っていないから、試合でできないと思われる。

打撃練習時間の 1/4 程度は、逆方向打ち時間にあてるべきと提案する。

すなわち、どのコース、どの球種であってもその練習の間右利き打者は、右打ち以外は行ってはダメとする。さすれば監督のサインの出しやすさ、バッターは「了解」の合意形成がうまくいくであろうと考える。

逆打ちを、少年野球の右利きバッターに集中して教えることで、懐の広い打撃フォームの習得に役立ち大幅な打率向上になると確信するものである。

ボールを上から叩くの疑問

少年野球の指導者はバットスイングについて、「上から叩きなさい」と、口癖のように指導する。今は、少なくなったかもしれないが、この考え方は、達人域に達した選手にのみ当てはまるもので、特に少年野球では禁句といいたい。

上から叩くということは、打点が一点の打法であり、少年にこの打法を行わせると、一点で打とうとするあまりつい力が入り、ボールが来る前に（瞬間）バットが進み、結果ボールの下を打ちポップフライになる。手打ちにもなりやすい。そうではなくバットは素直にボールに当てるのが物理法則の道理、上向きのスイングで「ホームランを狙いなさい」というくらいの打法を、未熟者には教えるべきと考える。先に記したように大谷翔平の打撃でのバットの軌跡はまさしくこれに該当している。もとより体の大きさの優位も物理法則の優位性に合致してのことである。

「上から叩く」打法は 55 年ほど前、当時の荒川（巨人軍）コーチが、かの有名な王貞治に真剣（刀）を持たせて一本足打法を仕込んだときからいわれるようになった記憶がある。そのくらい難しい。少年にはこの打法を教えない方がよいと思われるが、どうだろう。

トスバッティングの充実

トスバッティングを単なる遊戯と考えているふしがみられる。まあ、それでもよいのかもしれないが。改めて、トスバッティングとは、投げる相手がどのようなボールを投げてきても、相手が捕球しやすいところにバットの芯で捉え、かつ手打ちでなく体で振り切るカタチで、真剣に行うべきと考える。実践において、狙ったところに打つ、重要な練習ではないか。

片手打ちの練習（素振り）

それぞれ左右での片手打ちを繰り返す。その狙うところは、バットの重みを力で支えるのでなく、素直な振り（打球を弾く）に代える素直なスイングを会得するにはもってこいの練習と思われる。いかかでしょう。

4. 走塁術

一般に、ランナーがピッチャーのけん制に対して離塁が小さいと、監督または同僚から「もっと出ろ！」と、声がかかる。が、その言を素直に受けるのは、おかしいと思う。もしランナーが盗塁を狙うのなら離塁は小さくし、スタートを早くする方が理にかなっている。

すなわち、表2に示したとおりランナーが1mを走る時間は

1m ÷ 7m/s ＝ 0.14秒で、走塁所要3.2 ～ 3.7秒のわずか5%である。対してキャッチャーのボールは1.4秒（表1）程度なので、さされるときは離塁の長短にはほとんど関係しない。一方、盗塁のスタートはフライングのルールはないから、ピッチャーの癖などから盗めばよいだけである。盗むには離塁は小さい方がよい理屈。「盗塁」は塁を盗むと書かれているではないか。

さらにいうならば、「もっと出ろ！」は、走るな、走らずにピッチャーの投球を邪魔する、の合図（言葉でのサイン）とするならば意義がある。強豪チームはそのサインプレーを実施していると思いますが？

以上、野球のプレーについて理屈を述べた。つまり、野球という競技は、一旦ことが起こると一秒を争う技の連続であることを、主に物理学に照らして証明し、あるべき対応の考察を行うことができた。

本書が、野球のプレーを極める一助になれば、これほど嬉しいことはない。サッカーに押され気味な野球の発展を祈ってやまない。

著のむすび

ここに記した薄っぺらな内容は、最も近いものでもほぼ二十数年前、今振り返って、小生は我が国のダム事業の最盛期を、ほぼダムにかかわっての仕事人生であったといっても過言ではない、その想いを人生 80 なかばを迎え、集大成したのがこの著である。仕事に没頭していた長い期間には思ってもみなかったが、業種的にもまれなダム施工計画・設備設計をほぼ独自で手掛け、苦しさを何とか乗り越えての人生、八百万の神に感謝のみである。

退職後は少々心の余裕も持てたが、その道は総じて題名のとおり危ういものであった。もの心ついた 5 歳で昭和の悪夢、太平洋戦争と敗戦後の食料を筆頭にした物不足は、親は相当に苦労であったろうが、子供の小生はそれほど苦しさを感じず、18 歳で職に就いてからは高度成長の波に乗り、耐えることから苦を惜しまない日本人、米国に次ぐ国力を経験した昭和の真っただ中に暮らした…よく考えると恵まれた人生であった。

ところで、もの心ついた時期から「地震 雷 火事 親父」という格言を聞いていたが、末尾の「親父」は、古人の言葉遊び、きっとそれに間違いないと思えるようになった。恐ろしい自然現象への心構えを教える中にジョークを挟む心の余裕、それを見習って過ごすこととしたい。

最後に、本著の発行に際し、幼稚な文章や構成の初稿を受けての校正に、多くの労をおかけした誠文堂新光社の渡辺真人様に衷心より感謝申し上げます。

そして、つたない本著を読んでいただいた稀少な読者の幸運を祈念し、むすびとします。　（2024 年 8 月）

■著者プロフィール

福田富生（ふくだとみお）
1940年、群馬県富岡市富岡町（現・安中市富岡）生まれ。1959年、群馬県立高崎工業高等学校機械科卒業。ゆえあって土木業の機械屋として勤め、官・民とわたり我が国を代表する土木技術及び機械技術者の言動を学ぶ機会に恵まれ、土木と機械の技術的橋渡しを生業としてきた。旧建設省での土木部門基本計画に基づく2か所の鋼製水門扉及び民間で行った多くのダム施工設備（プラント）はダム竣工後撤去されて存在しないが、官庁出先機関に提出した計画・設計報告書にその足跡がある。

デザイン・組版：㈱あおく企画

あるダムエンジニアの回想記（かいそうき）

昭和（しょうわ）には戦後復旧（せんごふっきゅう）の言葉（ことば）あり、その物語（ものがたり）

2024年9月28日　発　行　NDC916

著　　者　福田富生（ふくだとみお）
発 行 者　小川雄一
発 行 所　株式会社 誠文堂新光社
〒113-0033 東京都文京区本郷3-3-11
電話 03-5800-5780
https://www.seibundo-shinkosha.net/
印刷・製本　株式会社 大熊整美堂

ISBN978-4-416-92414-3